Ayaz Ahmad

Análise química de doentes com deficiência / insuficiência de vitamina D

Ayaz Ahmad

Análise química de doentes com deficiência / insuficiência de vitamina D

ScienciaScripts

Imprint
Any brand names and product names mentioned in this book are subject to trademark, brand or patent protection and are trademarks or registered trademarks of their respective holders. The use of brand names, product names, common names, trade names, product descriptions etc. even without a particular marking in this work is in no way to be construed to mean that such names may be regarded as unrestricted in respect of trademark and brand protection legislation and could thus be used by anyone.

Cover image: www.ingimage.com

This book is a translation from the original published under ISBN 978-620-2-31651-4.

Publisher:
Sciencia Scripts
is a trademark of
Dodo Books Indian Ocean Ltd. and OmniScriptum S.R.L publishing group

120 High Road, East Finchley, London, N2 9ED, United Kingdom
Str. Armeneasca 28/1, office 1, Chisinau MD-2012, Republic of Moldova, Europe
Printed at: see last page
ISBN: 978-620-7-87744-7

Ayaz Ahmad Professor Assistente de Biologia Faculdade de Licenciatura do Governo Bloco n.º 17, Dera Ghazi Khan, Punjab, Paquistão ayaz sarkani@yahoo.com
+923346789348

AGRADECIMENTOS

No mundo competitivo de hoje, há uma corrida para a existência, na qual aqueles que têm vontade de avançar e ter sucesso. O projeto é como uma ponte entre o trabalho teórico e o trabalho prático. Foi com esta determinação que me juntei a este projeto em particular. Em primeiro lugar, gostaria de agradecer ao poder supremo, **Alá Todo-Poderoso**, que é obviamente aquele que sempre me guiou para trabalhar no caminho certo na vida. Sem a Sua graça, este projeto não se teria tornado realidade. Juntamente com Ele estão os meus **pais, a** quem estou muito grato por me terem criado com amor e encorajamento até este ponto.

Ayaz Ahmad

DEDICADOR

Todo o trabalho difícil exige um esforço pessoal, bem como o conselho dos mais velhos, especialmente daqueles que nos são muito próximos do coração. Dedico o meu humilde esforço aos meus PAIS, cujo afeto, amor, encorajamento e orações dia e noite me permitiram alcançar tal sucesso e honra.

Índice

Resumo

Contexto: De todas as vitaminas, a vitamina D é importante para a saúde dos ossos e para a imunidade do organismo. A hipovitaminose D é um problema de saúde mundial, considerado uma epidemia. Estima-se que mil milhões de pessoas em todo o mundo sofram de hipovitaminose D, mas poucos estudos foram realizados em países do Terceiro Mundo para medir os níveis de vitamina D na população em geral. O objetivo deste estudo foi determinar a prevalência da hipovitaminose D na população em geral do distrito de D. G. Khan, no Paquistão.

Metodologia: Após uma visita pessoal a vários hospitais, 100 doentes com deficiência ou insuficiência de vitamina D foram incluídos no estudo. Estes cumpriam todos os critérios de inclusão e exclusão. Depois de obtido o consentimento informado por escrito, foram colhidas amostras de sangue e os níveis séricos de 25-hidroxi vitamina D foram examinados. Níveis séricos de 25-hidroxi vitamina D inferiores a 32 ng/ml são considerados deficiência de vitamina D, enquanto níveis inferiores a 20 ng/ml são considerados deficiência de vitamina D.

Resultados: Foi estudada a idade média de 62 homens (18-50) e 38 mulheres (18-50). Entre eles, foi estudado o nível médio de vitamina D 25(OH) no soro de 62 amostras de homens e 38 de mulheres. Os 27 homens eram deficientes em vitamina e 25 homens eram deficientes em vitamina D. Entre as 38 mulheres. Entre as 38 mulheres. 11 indivíduos eram deficientes em vitamina D, 22 eram deficientes em vitamina D, enquanto 10 homens e 5 mulheres eram controlos normais. O indivíduo do sexo masculino tinha níveis séricos de cálcio e fósforo significativamente baixos, mas níveis elevados de fosfatase alcalina (ALP) em comparação com o controlo masculino normal. Foram obtidos resultados semelhantes nas mulheres.

Conclusão: A deficiência ou insuficiência de vitamina D reduz os níveis séricos de cálcio e fósforo, ao mesmo tempo que provoca um aumento dos níveis séricos de ALP.

Palavras chave: 25-hidroxi vitamina D, fosfatase alcalina, cálcio, fósforo,

Capítulo 1

INTODUÇÃO

Vitamina D

23A vitamina D lipossolúvel apresenta-se sob duas formas: a vitamina D e a vitamina D , também conhecidas por *ergocalciferol* e *colecalciferol*, respetivamente. Existem duas fontes principais de vitamina D3: é produzida pela exposição da pele aos raios UV (B) e é obtida através da alimentação. A vitamina D2 também se encontra em algumas plantas. Comercialmente, é produzida por irradiação de leveduras. 23Embora ambas as formas sigam a mesma via metabólica, a vitamina D é metabolizada mais rapidamente do que a vitamina D . Embora a vitamina D seja essencial para a absorção intestinal do cálcio, verificou-se que os níveis de 25(OH) D devem exceder 32 ng/mL para uma absorção óptima do cálcio (Tom *et al,* 2001).

23A 25-hidroxivitamina D é produzida no fígado e a 1, 2, 5-di-hidroxivitamina D é formada nos rins pelo metabolismo da vitamina D e da vitamina D . 3Desde 1930, a vitamina D2 e a vitamina D3 têm sido consideradas igualmente importantes na manutenção dos níveis séricos de 25(OH) D, que são importantes para a saúde óssea, mas recentemente observou-se que apenas a vitamina D é eficaz na manutenção de níveis séricos normais de 25(OH) D. 3Em doentes com hipovitaminose, os níveis séricos normais de 25(OH) D também podem ser mantidos através da administração de vitamina D numa dose de 4.000 UI/dia durante quinze dias ou 50.000 UI numa dose única (Holick *et al.,* 2007).

FONTE DE VITAMINA D :

A vitamina D é uma vitamina lipossolúvel que inclui tanto o colecalciferol (vitamina D3) como o ergocalciferol (vitamina D2) (Holick, 2006). O termo "vitamina D" refere-se aqui a ambas as vitaminas D3 e D2. Os seres humanos obtêm vitamina D de duas formas: a partir de fontes endógenas e exógenas (Alpert & Shaikh, 2007).

Para a maioria das pessoas, a vitamina D é em grande parte obtida endogenamente através da síntese de vitamina D3 na pele após a exposição à luz solar (Holick, 2004). A radiação ultravioleta B (UVB, comprimento de onda 290 a 315 nm), um dos componentes da luz solar, penetra na pele e converte o 7-dehidroclesterol (7- DHC) (também conhecido como provitamina D) em pré-vitamina D3, que é rapidamente convertida em vitamina D3 pela via térmica (Norman & Powell, 2005). A exposição excessiva à luz solar não causa intoxicação por vitamina D3, uma vez que a luz solar destrói qualquer excesso de pré-vitamina D3 ou vitamina D3 convertendo-as em fotoprodutos inactivos (Holick, 2007).

Além disso, a vitamina D3 é lipossolúvel e as quantidades em excesso podem ser absorvidas pelos adipócitos e armazenadas no tecido adiposo (Dusso et al., 2005).

As fontes exógenas de vitamina D incluem alimentos naturalmente ricos em vitamina D, alimentos fortificados com vitamina D e suplementos de vitamina D. A ingestão alimentar é ainda mais importante quando a exposição à luz solar é limitada. A vitamina D3 encontra-se naturalmente em apenas alguns alimentos (Raiten & Picciano, 2004), nomeadamente em peixes gordos como o salmão, a cavala e o arenque, e no óleo de fígado de peixe, devido à concentração predominante de gordura no fígado, com quantidades ainda menores disponíveis na gema de ovo e na carne (Jasinghe et al., 2005). As fontes vegetais de vitamina D estão na forma de vitamina D2, produzida por irradiação ultravioleta do ergosterol de leveduras e cogumelos (Holick, 2005). Os alimentos fortificados com vitamina D estão atualmente disponíveis em muitos países, mas as políticas de fortificação variam consideravelmente de país para país. Na Austrália, alimentos como a margarina e os óleos alimentares para barrar têm de ser fortificados com vitamina D, enquanto que alguns leites e produtos lácteos são fortificados voluntariamente (Stroud et al., 2008). Para além das fontes acima referidas, os suplementos orais de vitamina D em várias dosagens estão amplamente disponíveis sem receita médica na maioria dos países (Bischoff-Ferrari, 2009) e são provavelmente a alternativa mais eficaz para as pessoas que não conseguem obter quantidades adequadas de vitamina D através da exposição solar ou de fontes dietéticas.

METABOLISMO DA VITAMINA D :

A vitamina D, proveniente da produção actínica ou da alimentação, entra na corrente sanguínea onde se liga à proteína de ligação da vitamina D (DBP), uma importante proteína sérica que transporta a vitamina D e os seus metabolitos com elevada afinidade, transportando-a para o fígado e para os rins para sofrer duas hidroxilações sequenciais (Holick, 2006).

O primeiro passo na ativação metabólica da vitamina D é a hidroxilação do carbono 25 pela vitamina D-25-hidroxilase, que converte a vitamina D em 25-hidroxivitamina D [25(OH)D] no fígado (White, 2008). A 25(OH)D é a principal forma circulante de vitamina D e a medida habitual do estado da vitamina D para os indivíduos (Seamans & Cashman, 2009).

A segunda hidroxilação é mediada pela 25-hidroxivitamina D-1 -hidroxilase para obter a forma biologicamente ativa, a 1,25-di-hidroxivitamina D [1,25(OH)2D], principalmente nos rins (Dusso et al., 2005). Estudos recentes demonstraram que a 1-

hidroxilação também pode ocorrer em muitos outros locais extrarrenais, incluindo a mama, o pulmão, a placenta, o cólon, os osteoblastos e os macrófagos activados. Esta descoberta indica um papel autócrino-parácrino para a 1,25(OH)2D (Bikle, 2009). A enzima multicatalítica 25-hidroxivitamina D-24-hidroxilase cataboliza a 25(OH)D e a 1,25(OH)2D em ácido calcitroico solúvel em água e biologicamente inativo, que é depois excretado na urina (Anderson et al., 2003). A Figura 2.1 ilustra a via da vitamina D (Tsiaras & Weinstock, 2011).

AVALIAÇÃO DO ESTADO DA VITAMINA D :

A medição da principal forma circulante de vitamina D, a 25(OH)D, é atualmente o padrão de ouro para determinar o estado individual de vitamina D (Zerwekh, 2008). Como mencionado anteriormente, os níveis séricos de 25(OH)D reflectem a ingestão de vitamina D proveniente tanto da síntese cutânea como da ingestão alimentar. Embora a 1,25(OH)2D seja a forma ativa da vitamina D, não é utilizada para determinar o estado da vitamina D. Isto deve-se ao facto de a forma ativa da vitamina D não ser a forma ativa da vitamina D. As razões para este facto são as seguintes: Em primeiro lugar, a meia-vida da 25(OH)D é de duas a três semanas, muito mais longa do que a da 1,25(OH)2D, que é de apenas cerca de quatro horas. Em segundo lugar, os níveis de 1,25(OH)2D são geralmente normais ou mesmo elevados em doentes com deficiência de vitamina D (Prentice et al., 2008). Em terceiro lugar, a concentração de 1,25(OH)2D é picomolar, ou seja, 100 a 1000 vezes menos abundante do que a 25(OH)D na corrente sanguínea. É mais difícil de detetar e, consequentemente, a concentração de 1,25(OH)2D não reflecte o estado da vitamina D a longo prazo. Além disso, níveis baixos de 25(OH)D têm sido associados a condições clássicas de deficiência de vitamina D, como a hipocalcemia e o hiperparatiroidismo secundário. Do mesmo modo, um aumento dos níveis de 25(OH)D tem sido correlacionado com a recuperação destas condições (Holick, 2003). A 25(OH)D sérica é particularmente útil em doentes em risco de deficiência de vitamina D, incluindo idosos, crianças com raquitismo e adultos com osteoporose. Esta medição também é útil para planear ou monitorizar o tratamento com vitamina D.

FUNÇÃO DA VITAMINA D :

A ação da 1,25(OH)2D, quer seja formada no rim ou em locais extra-renais, é mediada pela sua ligação a um recetor nuclear (recetor da vitamina D, VDR). Uma vez combinados os dois, o VDR sofre uma alteração conformacional que lhe permite interagir com sequências de ADN específicas, denominadas elementos de resposta à vitamina D (VDRE), em genes-alvo para ativar ou reprimir a transcrição de genes e gerar as acções biológicas da 1,25(OH)2D (White, 2008). O VDR está amplamente, mas não universalmente, distribuído nos vários tecidos do corpo humano (John et al., 2007), o que indica uma vasta gama de funções biológicas da vitamina D. Em geral, as funções dividem-se em duas categorias de efeitos gerais. Em primeiro lugar, a 1,25(OH)2D desempenha o seu papel clássico, incluindo a regulação dos níveis séricos de cálcio e fosfato através de acções no intestino, osso, paratiroide e rim (Holick, 2005). Em segundo lugar, as funções não clássicas de regulação da secreção hormonal, regulação da proliferação e diferenciação celular e modulação da resposta imunitária noutros locais, como a pele, a mama, a próstata e o sistema imunitário, estão associadas a muitas doenças (Holick, 2008).

A função principal, também conhecida como a função clássica da 1,25(OH)2D, é o controlo da homeostase do cálcio e dos ossos (Holick, 2005; Holick & Chen, 2008; Millen & Bodnar, 2008). Sob a influência da 1,25(OH)2D, a eficiência da absorção intestinal de cálcio aumenta para 30-40%, enquanto que, de outra forma, menos de 15% do cálcio dietético é absorvido pelos seres humanos (DeLuca, 2004; Heaney et al., 2003). A deficiência de vitamina D resulta em baixos níveis de cálcio ionizado, o que estimula a secreção de PTH e conduz ao hiperparatiroidismo. O hiperparatiroidismo aumenta a absorção intestinal de cálcio, mobiliza o cálcio do osso e leva à conservação renal do cálcio, mas aumenta a excreção de fosfato. Consequentemente, em casos de deficiência de vitamina D, a concentração de cálcio sérico pode ser normal, mas a mineralização óssea é prejudicada (Misra et al., 2008). A deficiência grave de vitamina D provoca raquitismo nas crianças (Ward et al., 2007) ou osteomalácia nos adultos e pode contribuir para a osteoporose (Adams et al., 1999). Além disso, a adequação da vitamina D é importante para o desempenho muscular e, por este mecanismo, pode reduzir o risco de quedas nos idosos (Janssen, Samson, & Verhaar, 2002). A deficiência grave de vitamina D está associada a fraqueza muscular (Venning, 2005) e dor nos membros (Kessenich, 2010).

Para além desta função clássica, foram identificadas nos últimos anos muitas outras funções da vitamina D, ditas não clássicas. Basicamente, estas funções podem ser classificadas nas três categorias acima mencionadas: regulação da secreção hormonal, regulação da proliferação e diferenciação celular e modulação da função imunitária (Holick, 2008). De acordo com estas funções, a deficiência de vitamina D tem sido associada a um risco acrescido de uma vasta gama de doenças. Os problemas de saúde associados incluem doenças cardiovasculares (Pilz et al., 2008), distúrbios imunitários (Cutolo & Otsa, 2008) e vários tipos de cancro (Garland et al., 2009). Por exemplo, num estudo prospetivo, 714 mulheres que viviam na comunidade (com idades compreendidas entre os 70 e os 79 anos) foram seguidas durante um período médio de 72 meses. 14% das mulheres morreram durante este período, sendo que as mulheres cujo nível sérico de 25(OH)D era inferior a 38,2 nmol/L tinham um risco mais elevado de morte por todas as causas (HR: 2,45; 95% CI, 1,12-5,36; P = 0,02) em comparação com as mulheres cujo nível sérico de 25(OH)D era superior a 67,4 nmol/L (Semba et al., 2009). Outro estudo mostrou que as pessoas com níveis de 25(OH)D <37,5 nmol/L tinham maior probabilidade de desenvolver eventos cardiovasculares do que aquelas com níveis de 25(OH)D >37,5 nmol/L (HR: 1,62, IC 95%: 1,11, 2,36, P = 0,01) (Wang et al., 2008). Um estudo de caso-controlo que examinou a associação entre a concentração sérica pré-diagnóstica de 25(OH)D e o risco de cancro colorrectal em populações europeias também mostrou uma forte associação inversa, linear e dose-resposta entre os níveis de concentração pré-diagnóstica de 25(OH)D e o risco de cancro colorrectal (Jenab et al., 2010). Um pequeno estudo transversal do estado da vitamina D e das necessidades de insulina em crianças com diabetes tipo I concluiu que as necessidades de insulina em pacientes com concentrações de 25OHD <10 ng/mL eram significativamente mais elevadas do que em pacientes com concentrações de 25OHD >10 ng/mL (p = 0,012) (Thnc et al., 2011). Para além das doenças mencionadas acima, outras doenças, como a diabetes tipo II (Mitri, Muraru, & Pittas, 2011), doenças infecciosas (Vescini et al., 2011) e doenças alérgicas (Carroll et al., 2011) também demonstraram estar associadas à vitamina D.

Em suma, a vitamina D desempenha um papel importante na saúde humana, para além da saúde óssea, razão pela qual os investigadores continuam entusiasmados com a descoberta da vitamina D myraid.

Biossíntese

Os seres humanos obtêm vitamina D de três fontes: exposição ao sol, dieta e suplementos alimentares. Os raios UV (B) com um comprimento de onda de 290 a 315 nm penetram na pele e convertem o 7-dehidrocolesterol em pró-vitamina D3, que é depois convertida em vitamina D3. A produção do fator de crescimento de fibroblastos 23 a partir do osso suprime a síntese de 1,2,5-dihidroxivitamina D, que desempenha um papel vital na absorção renal de cálcio e na absorção intestinal de cálcio e fósforo. Além disso, a 1,2,5-di-hidroxivitamina D leva à produção de 25-hidroxivitamina D-24-hidroxilase (CYP24), que é responsável pelo catabolismo da 25-hidroxivitamina D e da 1,2,5-di-hidroxivitamina D em ácido calcitróico solúvel em água e biologicamente inativo (Holick., 2009).

Os protectores solares protegem contra a penetração da luz através da pele, o que reduz a síntese de vitamina D. A pele é constituída por duas camadas essenciais: a camada interna, denominada derme, geralmente constituída por tecido conjuntivo, e a camada externa, a epiderme. A epiderme espessa das plantas dos pés e das palmas das mãos é constituída por cinco camadas, de dentro para fora: estrato córneo, estrato lúcido, estrato granuloso, estrato espinhoso e estrato basal. A síntese da vitamina D tem lugar nos dois estratos mais profundos, o stratum basale e o stratum spinosum (Prentice *et al.,* 2008).

COGUMELO

Os cogumelos são uma fonte alimentar rica em vitamina D2. Contêm uma elevada concentração de ergosterol (pró-vitamina D2), e a luz solar despoleta a sua conversão em ergosterol (pró-vitamina D2), que é convertido em vitamina D2. (Thacher *et al.,* 2009).

Cogumelos, Portobello, expostos a luz brilhante, crus; Vitamina D2; 11,2 pg (446 UI)

- Cogumelos, Portobello, apresentados em luz brilhante, grelhados na chama; Vitamina D2;13.1pg(524UI)
- . Cogumelos, shiitake, secos; Vitamina D2; 3,9pg (154IU)
- . Cogumelos, shiitake, crus; vitamina D2; 0,4pg (18UI)
- . Cogumelo, Portobello, cru; Vitamina D2; 0,3pg (10UI)

A biodisponibilidade humana da vitamina D2 de cogumelos ricos em vitamina D2 por iluminação UV-B é uma fonte eficaz de reforço da vitamina D e não é comparável à suplementação com vitamina D2. A vitamina D2 da levedura iluminada por UV preparada no pão ou nos cogumelos aumenta os níveis sanguíneos de 25(OH) D. Estima-se que cerca de 60 gramas de cogumelos tratados com luz brilhante aumentam os níveis de vitamina D até 80 microgramas ou 2.700 UI, se expostos à luz UV durante apenas 5 minutos (Docio *et al.,* 1998).

FONTES VEGETARIANAS

- Líquen
- Cladina arbuscula

FONTES ANIMAIS

- Óleos de fígado de peixe. Por exemplo, o óleo de fígado de bacalhau, 4,5 g (1 colher de sopa) dá 450 UI (100 UI/g).
- Espécies de peixes gordos. Por exemplo, salmão 100 gramas (3,5 oz); 522 UI (5,2 UI/g)

- Sarda, Pacífico e caranguejo, espécies mistas, 100 gramas (3,5 oz); 457 UI (4,6 UI/g)
- Atum, enlatado em óleo, 100 gramas (3,5 oz); 269 UI (2,7 UI / g)
- Sardinhas, enlatadas em óleo, esgotadas, 100 gramas (3,5 oz); 193 UI (1,9 UI/g)
- Gema de ovo cozinhada; (0,7 UI/g)
- Fígado de vaca, 100 gramas (3,5 onças); 49 UI (0,5 UI/g)

GERAÇÃO MECÂNICA

A vitamina D3 (colecalciferol) é criada mecanicamente pela exposição do 7-dehidrocolesterol à luz UVB. O 7-dehidrocolesterol é uma substância caraterística dos órgãos dos peixes, nomeadamente do fígado, ou do óleo do velo (lanolina) das ovelhas. A vitamina D2 (ergocalciferol) é sintetizada utilizando como matéria-prima o ergosterol de leveduras ou de cogumelos.

DEFICIÊNCIA DE VITAMINA D

Metabolismo da vitamina D

A vitamina D tem vários metabolitos e duas formas, a vitamina D2 e a vitamina D3, conhecidas respetivamente como ergocalciferol e colecalciferol. A vitamina D é produzida pela luz solar sobre a pele ou através da alimentação: o peixe, a gema de ovo e o fígado são fontes de vitamina D dietética. A vitamina D2 é produzida comercialmente através da iluminação do ergosterol presente na levedura. Existem poucas provas de que a vitamina D2 é rapidamente metabolizada em comparação com a vitamina D3 (Jakobsen *et al.,* 2014).

Falta de vitamina D

Uma ingestão alimentar insuficiente de vitamina D e uma exposição reduzida à luz solar conduzem à osteomalácia e ao raquitismo, e os ossos tornam-se susceptíveis a fracturas.

Raquitismo

O raquitismo é um amolecimento dos ossos longos causado por uma deficiência de cálcio e fósforo. O raquitismo foi descoberto em 1650 por Francis Glasson. [Edward Mellon 1918-1920].

Osteomalácia

A osteomalácia é o amolecimento dos ossos causado por uma deficiência grave de vitamina D. Os ossos amolecidos (ossos de suporte de carga) podem dobrar-se durante o crescimento. Os ossos amolecidos (ossos que suportam carga) podem dobrar-se durante o crescimento. A osteomalácia pode facilmente levar a fracturas. A osteomalácia distingue-se de outras doenças por deficiência de vitamina D e da osteoporose, que se caracteriza pelo adelgaçamento dos ossos.

Diabetes

Estudos recentes sugerem que níveis baixos de vitamina D estão ligados à resistência à **insulina** e à diabetes. Existem provas indirectas de que a resistência à insulina pode ser tratada através da toma de suplementos de vitamina D em doentes resistentes à insulina.

Pigmentação da pele

Alguns estudos sugerem que as pessoas que passam todo o dia no escritório ou em casa, que não se expõem à luz solar e que têm baixos níveis de vitamina D no seu corpo, são mais propensas a hiperpigmentação.

Cancro

A vitamina D é um precursor da hormona esteroide calcitriol, que desempenha várias funções em todo o organismo, como a regulação de numerosas vias celulares. Os resultados de estudos pré-clínicos e clínicos sugerem que o risco de cancro está associado à deficiência de vitamina D e que os suplementos de vitamina D ajudam a reduzir o risco de cancro e a melhorar o prognóstico e o resultado da doença.

Doenças cardiovasculares

As doenças cardiovasculares (DCV) são uma das principais causas de morbilidade e mortalidade em todo o mundo. Numerosos estudos identificaram a deficiência de vitamina D como um potencial fator de risco para as DCV, como a hipertensão, a aterosclerose, a calcificação coronária e o enfarte do miocárdio.

Sistema imunitário

As respostas imunitárias inatas e adaptativas são moduladas pela vitamina D. Uma deficiência desta vitamina está associada a uma maior suscetibilidade a infecções. Nas doenças auto-imunes, as células imunitárias são mais sensíveis aos efeitos potenciadores da vitamina D, pelo que a toma de suplementos de vitamina D nas doenças auto-imunes é mais benéfica.

Gravidez

A deficiência de vitamina D é comum durante a gravidez. Esta deficiência conduz a um desenvolvimento ósseo anormal, fracturas fáceis e raquitismo nos recém-nascidos. Numerosos estudos sugerem que esta carência está ligada a várias complicações da gravidez, como a diabetes gestacional, a pré-eclampsia, o parto prematuro e o baixo peso à nascença.

Benefícios para o esqueleto

Numerosos estudos realizados com idosos demonstraram que a toma de vitamina D, com ou sem cálcio, reduz significativamente a incidência de fracturas da anca e não vertebrais. A redução da carência de vitamina D, quer através da exposição solar, da alimentação ou da toma de suplementos de vitamina D, ajuda o organismo a absorver o cálcio, um material de construção óssea. A saúde muscular também está ligada à vitamina D. Músculos mais fortes ajudam a suportar o esqueleto. Músculos mais fortes ajudam a suportar o sistema esquelético e as articulações.

INDICAÇÕES PARA A DOSAGEM DE VITAMINA D

A estimativa dos níveis séricos de 25(OH) D é essencial em determinadas circunstâncias. A estimativa dos níveis sanguíneos de vitamina D deve ser efectuada em adultos ou crianças com perturbações ósseas, fosfatase ácida ou PTH séricas elevadas e cálcio ou fósforo séricos baixos. As pessoas com fracturas ou fissuras ósseas recorrentes são candidatos adequados para a deteção do seu nível sérico de 25(OH) D para confirmar a osteoporose.

OBJECTIVOS E METAS

- ► Caracterização bioquímica de doentes com deficiência de vitamina D em D G Khan
- ► Caracterização bioquímica de doentes com deficiência de vitamina D em D G Khan
- ► Comparação de pacientes com deficiências e insuficiências com indivíduos normais

CAPÍTULO 2

Revisão da literatura

A vitamina D desempenha um papel importante na saúde humana, razão pela qual é essencial que os indivíduos atinjam e mantenham um nível adequado de vitamina D. O estado da vitamina D tem sido estudado na maioria dos países do mundo, mas os resultados não são optimistas. Estudos efectuados em vários países asiáticos mostraram uma prevalência generalizada de um baixo nível de vitamina D em diferentes populações (Arya et al., 2013; Lim et al., 2008; Yan et al., 2010). Paradoxalmente, na Europa, a deficiência de vitamina D é mais comum nas regiões do sul do que nas regiões do norte, devido ao maior consumo de peixe gordo e óleo de fígado de bacalhau nestas últimas do que nas primeiras (Brustadet al., 2009). Nos Estados Unidos, os níveis séricos de 25(OH) D foram avaliados numa amostra representativa de 20 289 homens e mulheres, no âmbito do National Health and Nutrition Examination Survey, durante o período de 2002-2004. Os dados obtidos indicam que o nível de vitamina D é baixo em muitos grupos (Lookeret al., 2008). Apesar dos elevados níveis de luz solar, o Médio Oriente e a África têm as taxas mais elevadas de raquitismo do mundo, possivelmente devido à exposição limitada à luz solar como resultado da cultura local no Médio Oriente (Baroncelliet al., 2008), e à pele mais escura (e, por conseguinte, síntese menos eficiente de vitamina D) em África (Pettifor, 2004). Nomeadamente, a deficiência de vitamina D voltou a tornar-se um problema de saúde importante na Austrália e na Nova Zelândia, apesar dos elevados níveis de radiação UV ambiente e dos elevados níveis de exposição solar durante todo o ano nestes países (Erbaset al., 2008; Grant et al., 2009).

As pessoas que vivem em latitudes mais elevadas são mais susceptíveis de ter níveis baixos de vitamina D, uma vez que a pele produz pouca vitamina D3. Isto deve-se ao facto de a radiação ultravioleta incidente diminuir com o aumento da latitude (Diamond, 2005). Do mesmo modo, no inverno, os fotões UVB têm de percorrer uma distância maior através da atmosfera, pelo que chegam menos fotões à Terra. Foi referido que acima da latitude 37°N, durante os meses de inverno, o número de fotões UVB que atingem a atmosfera terrestre é reduzido em 80% a 100% (Holick, 2004). A cobertura de nuvens e a poluição industrial também reduzem a quantidade de radiação UVB que atinge a superfície da Terra (Agarwal et al., 2000) em 80-100% (Holick, 2004). A cobertura de nuvens e a poluição industrial também reduzem a quantidade de radiação UVB que atinge a superfície da Terra (Agarwal et al., 2002). A pigmentação da pele actua como um protetor solar natural e pode reduzir consideravelmente a síntese de vitamina D (Clemens et al., 1982). Várias doenças, como as síndromes de má absorção, as doenças renais e as doenças hepáticas, podem também levar à deficiência de vitamina D, afectando o metabolismo da 25(OH)D ou da 1,25(OH)2D

(Lo et al., 1985). As pessoas idosas têm concentrações mais baixas de 7-DHC, que está envolvido na via da vitamina D, e são, por isso, propensas à deficiência de vitamina D (Venning, 2005).

A obesidade pode reduzir a disponibilidade de vitamina D, levando à insuficiência de vitamina D (Lagunova et al., 2009; Xu et al., 2006).

A exposição solar é a principal fonte de vitamina D para a maioria das pessoas, mas a exposição solar também provoca cancro da pele. Por conseguinte, é necessário encontrar um equilíbrio entre a exposição suficiente ao sol, a fim de obter uma produção adequada de vitamina D, e a minimização do risco de cancro da pele (Sinclair, 2006).

Existem poucos alimentos que contêm naturalmente vitamina D (Raiten & Picciano, 2004), e as estratégias de fortificação alimentar podem não ser suficientes para prevenir a deficiência de vitamina D na prática atual (Stroud et al., 2008). Consequentemente, a utilização de suplementos parece ser uma estratégia alternativa para prevenir a deficiência de vitamina D.

O recetor da vitamina D provém essencialmente das células ósseas e é transmitido a todos os tipos de células. A carência de vitamina D provoca uma série de problemas de saúde. A deficiência de vitamina D pode levar ao cancro do pâncreas, a problemas renais e à constrição dos vasos sanguíneos. Estudos recentes sugerem que o genoma 3 regula diretamente a vitamina lipossolúvel (Zhu et al., (2011) referem que a pele, o maior órgão do corpo, absorve a vitamina D e que o fígado e os rins a convertem em calcidiol e calcitriol, respetivamente. O calcidiol é o precursor do calcitriol, que é uma forma de vitamina D que pode ser utilizada pelo organismo. (Wan, Xiaoxin. et al. (2011)

A ligação entre níveis saudáveis de vitamina D e níveis de metilação do ADN, (Zhu et al., (2011) referiu que "queremos compreender os mecanismos subjacentes à forma como a insuficiência de vitamina D causa cancro, doenças cardiovasculares e problemas no sistema imunitário". (Fox, Julie, et al. (2011)

Se não tiver vitamina D suficiente sintetizada pela pele, estudos recentes sugerem que 15 minutos de luz solar jovem, entre as 9 e as 14 horas por dia, devem ser suficientes para a pele produzir vitamina D. Os protectores solares podem impedir esta produção e a pele mais escura torna a absorção menos eficaz. O leite e os produtos lácteos, o salmão, o atum e a cavala são também boas fontes de vitamina D. As 193 mulheres tinham idades compreendidas entre os 20 e os 40 anos, planeavam engravidar e apresentavam níveis de 25-hidroxivitamina D (25(OH)D, a forma mais exacta de medir os níveis de vitamina D) inferiores a 50nmol/L, o que é considerado insuficiente. Antes de conceberem, foram divididas em dois grupos, um dos quais recebeu um suplemento diário de 70 mcg de vitamina D3 e o outro uma dose diária de 35 mcg, tendo os grupos correspondentes recebido placebos. As mulheres continuaram o ensaio até 16 semanas após o parto e foram avaliadas quanto aos seus níveis de 25(OH)D, fertilidade e eventuais complicações (Artaza, Jorge N., et al.(2011)

Os modelos animais observados, alimentados com dietas pobres em cálcio, apresentam um equilíbrio negativo de cálcio e uma perda óssea significativa, enquanto a combinação da deficiência de cálcio com a ooforectomia acentua a perda óssea global. Após a ooforectomia, a ingestão de cálcio na dieta necessária para manter o equilíbrio aumenta cinco vezes, para cerca de 1,3% do cálcio dietético. No contexto da vitamina D e da depleção de cálcio na dieta, a osteomalácia só ocorre quando baixos níveis de cálcio na dieta estão associados a baixos níveis de vitamina D. A osteoporose ocorre quando o cálcio da dieta é baixo com um nível adequado de vitamina D, ou quando o nível de vitamina D é baixo com um nível adequado de cálcio da dieta. A arquitetura e a força ósseas máximas só são alcançadas quando o nível adequado de vitamina D é combinado com cálcio alimentar suficiente para obter um balanço positivo de cálcio. Este efeito anabólico ocorre sem alterar a absorção intestinal de cálcio, o que sugere que o cálcio e a vitamina D da dieta têm outras actividades para além da promoção de um balanço positivo de cálcio. Cada um dos principais tipos de células ósseas, osteoblastos, osteoclastos e osteócitos, é capaz de metabolizar a 25 hidroxivitamina D (25D) em 1,25 dihidroxivitamina D (1,25D) para desencadear actividades biológicas, incluindo a redução da reabsorção óssea pelos osteoclastos e o aumento da maturação e mineralização pelos osteoblastos e osteócitos. Cada uma destas actividades é coerente com as acções de níveis circulantes adequados de (25D) observados in vivo (Anderson PHZhang, Ran, e Declan P. Naughton. Naughton (2010)

De acordo com um novo estudo publicado na revista pediatric obesity, uma ingestão saudável de vitamina D durante o primeiro ano de vida parece permitir que as crianças tenham mais massa muscular e menos gordura corporal quando são bebés. Estes resultados provêm de uma investigação cujo objetivo inicial era confirmar a importância da vitamina D para a densidade óssea. Os benefícios adicionais em termos de composição corporal surpreenderam a equipa de investigação. Ficámos muito intrigados com o aumento da massa corporal magra e com a possibilidade de a vitamina D poder ajudar os bebés a desenvolver não só um esqueleto saudável, mas também uma boa quantidade de músculo e menos gordura. Pela primeira vez, foi estabelecida uma ligação entre os benefícios de um bom nível de vitamina D durante os primeiros 12 a 36 meses de vida de um bebé e a forma como a massa muscular se desenvolve. Os investigadores chegaram a este resultado na sequência de um estudo de 2013, no qual 132 bebés de Montreal, no Quebeque, receberam um suplemento de vitamina D3 numa de quatro dosagens diferentes entre 1 mês e 12 meses de idade.

. Níveis baixos de vitamina D e de metilação em adolescentes negros podem aumentar o risco de cancro.

. A toma de suplementos de vitamina D durante a gravidez pode ajudar a aumentar a resistência óssea dos bebés nascidos durante os meses de inverno (Mulligan, Megan L., et al (2010)

Os negros têm geralmente taxas mais elevadas de doenças cardiovasculares e de cancro. Há provas de que a vitamina D pode aumentar a expressão de certos genes supressores de tumores, aumentando simultaneamente a metilação de LINE-1, uma série de elementos repetitivos de ADN no genoma humano que constituem uma percentagem significativa do genoma. Uma metilação reduzida de LINE-1, por exemplo, foi associada ao risco de recorrência do cancro do cólon num estudo também recentemente publicado na PLOS ONE e conduzido por investigadores da Faculdade de Medicina da Universidade de Kaohsiung, em Taiwan. De facto, baixos níveis de metilação estão associados a uma vasta gama de cancros. (Campbell, F.C., et al(2010)

A vitamina D3 é sintetizada na pele durante o verão, sob a influência da luz solar ultravioleta, ou é obtida através da alimentação, nomeadamente a partir de peixes gordos.Após hidroxilação no fígado em 25-hidroxivitamina D (25(OH)D) e no rim em 1,25-di-hidroxivitamina D (1,25(OH)2D), o metabolito ativo pode entrar na célula, ligar-se ao recetor da vitamina D e, em seguida, a um gene sensível, como o gene da proteína de ligação ao cálcio. Após transcrição e tradução, forma-se a proteína, por exemplo, a osteocalcina ou a proteína de ligação ao cálcio. A produção de 1,25(OH) 2D é estimulada pela hormona paratiroide (PTH) e diminuída pelo cálcio. Os factores de risco para a deficiência de vitamina D incluem o nascimento prematuro, a pigmentação da pele, a baixa exposição solar, a obesidade, a má absorção e a idade avançada. Os grupos de risco incluem os imigrantes e os idosos. O estado da vitamina D depende da exposição solar, mas na Europa, os níveis séricos de 25(OH)D são mais elevados nos países do norte da Europa do que no sul. A deficiência grave de vitamina D conduz ao raquitismo ou osteomalácia, em que o novo osso, o osteoide, não é mineralizado. Uma deficiência menos grave de vitamina D conduz a um aumento da PTH sérica, que promove a reabsorção óssea, a osteoporose e as fracturas. Existe uma relação negativa entre a 25(OH)D sérica e a PTH sérica. De acordo com a maioria dos estudos, o limiar de 25(OH)D sérico a partir do qual os níveis séricos de PTH começam a aumentar é de cerca de 75nmol/l. A toma de suplementos de vitamina D por idosos com deficiência de vitamina D suprime a PTH sérica, aumenta a densidade mineral óssea e pode reduzir a incidência de fracturas, em particular nos residentes em lares de idosos. Os efeitos da 1,25(OH)2D e do recetor da vitamina D foram estudados em doentes com defeitos genéticos no metabolismo da vitamina D e em modelos de ratinhos knock-out. Estas experiências demonstraram que a absorção ativa do cálcio, o crescimento ósseo longitudinal e a atividade dos osteoblastos e dos osteoclastos dependem tanto da 1,25(OH)2D como do recetor da vitamina D. Por outro lado, a mineralização óssea pode ocorrer quando existe uma concentração elevada de cálcio no ar ambiente, ou seja, quando são administradas doses elevadas de cálcio por via oral ou por infusão de cálcio. O metabolito ativo 1,25(OH)2D actua através do recetor da vitamina D, provocando a expressão de genes como a proteína de ligação ao cálcio ou a osteocalcina, ou através de um recetor da membrana plasmática e de segundos mensageiros como o AMP cíclico. Estas últimas respostas são muito rápidas e incluem efeitos no pâncreas, no músculo liso vascular e nos monócitos. As células musculares contêm receptores de vitamina D e vários estudos mostraram que os níveis séricos de 25(OH)D estão ligados ao desempenho físico. O metabolito ativo 1,25(OH)2D tem um efeito antiproliferativo e regula negativamente os marcadores inflamatórios. A síntese extrarrenal de 1,25(OH)2D ocorre sob a influência de citocinas e desempenha um papel importante na regulação parácrina da diferenciação e função celular. Isto pode explicar por que razão a deficiência de vitamina D pode desempenhar um papel na patogénese de doenças auto-imunes, como a esclerose múltipla e a diabetes tipo 1, bem como no cancro. Em conclusão, o metabolito ativo 1,25(OH)2D tem efeitos pleiotrópicos através do recetor da vitamina D e dos elementos responsivos à vitamina D de numerosos genes e, por outro lado, efeitos não genómicos rápidos através de um recetor de membrana e de segundos mensageiros. A absorção ativa de cálcio pelo intestino depende da formação adequada de 1,25(OH)2D e de um recetor de vitamina D intacto. A mineralização óssea depende principalmente da concentração ambiente de cálcio. Os metabolitos da vitamina D podem desempenhar um papel na prevenção de doenças auto-imunes e do cancro. (Yoshikazu, et al. (2009)

A vitamina D, uma pró-hormona lipossolúvel, é sintetizada em resposta à luz solar. A vitamina D necessita de duas conversões metabólicas, a 25-hidroxilação no fígado e a lalfa-hidroxilação no rim, para se tornar uma hormona ativa. A forma ativa, 1alfa, 25-(OH) 2D, liga-se ao recetor da vitamina D (VDR) para modular a transcrição dos genes e regular a homeostasia dos iões minerais. A vitamina D desempenha vários papéis no organismo, influenciando a saúde óssea e os níveis séricos de cálcio e fosfato. Além disso, a vitamina D pode modificar a função imunitária, a proliferação celular, a diferenciação e a apoptose. A deficiência de vitamina D tem sido associada a numerosos problemas de saúde, incluindo o risco de raquitismo em crianças e osteomalácia em adultos (DeLuca, Hector F. (2004)

O desenvolvimento de ossos fortes exige um suplemento de vitamina D de 400 UI/dia durante o primeiro ano de vida do bebé. Esta quantidade está em conformidade com as actuais recomendações de saúde canadianas. Os investigadores verificaram que doses mais elevadas não proporcionavam qualquer benefício adicional, pelo menos em termos de desenvolvimento ósseo. Mas os exames corporais utilizados para avaliar a densidade óssea também permitiram à equipa medir a massa muscular e a massa gorda das crianças. (Zella, Julia B., Laura C. McCary e Hector F. DeLuca (2003)

Um suplemento importante em caso de invernos longos A toma de um suplemento de vitamina D é sistematicamente recomendada para os bebés até que estes consigam obter quantidades suficientes através da sua alimentação. A pele sintetiza a vitamina D quando exposta à luz solar, o que torna o suplemento ainda mais importante, uma vez que os Invernos longos reduzem esta possibilidade. Além disso, a Health Canada aconselha os pais e as pessoas que cuidam das crianças a evitarem a exposição direta ao sol e a evitarem a utilização de protectores solares nas crianças pequenas. (Haddad, John G. (1992)

A ingestão de cálcio na dieta interage com o metabolismo da vitamina D nos rins e no tecido ósseo para exercer uma ação catabólica no osso através do sistema endócrino, quando a ingestão de cálcio é insuficiente, ou uma ação anabólica através de um sistema ósseo ancrino ou parácrino, quando a ingestão de cálcio é suficiente (Morris HA.lo, c. Ryan JW, Anderson PH, Turner AGW. (1985)

A ação endócrina da 1,25-dihidroxivitamina D plasmática desempenha um papel fundamental na regulação da homeostase do cálcio e do fosfato plasmáticos, com actividades no intestino, nos rins e nos ossos. A vitamina D actua diretamente nas células ósseas para regular a homeostase mineral óssea. Cada um dos principais tipos de células ósseas é capaz de metabolizar a vitamina D no metabolito ativo 1,25-dihidroxivitamina D. Assim, em condições em que a síntese de 1,25-dihidroxivitamina D pelo tecido ósseo é óptima, a atividade da vitamina D melhora o estado mineral ósseo. A ingestão de cálcio e fosfato na dieta é o índice ambiental crítico que, juntamente com o estado da vitamina D, determina se a 1,25-dihidroxivitamina D exerce uma ação anabólica ou catabólica no estado mineral ósseo (Morris HA.LO, CAnderson PH, Turner AG.W,(1985)

A atividade da vitamina D requer um nível adequado de vitamina D, indicado pelos níveis séricos de 25-hidroxivitamina D 1alfa-hidroxilase, a enzima que converte a 25-hidroxivitamina D em 1, 25-di-hidroxivitamina D. A carência de vitamina D contribui para a etiologia da osteomalácia e da osteoporose. A principal caraterística da osteomalácia, ou raquitismo nas crianças, é um atraso na mineralização. Este pode ser resolvido através da normalização da homeostase do cálcio e do fosfato no plasma, independentemente da atividade da vitamina D. A via endócrina bem caracterizada do metabolismo da vitamina D gera a 1,25-dihidroxivitamina D plasmática e estas actividades endócrinas são as únicas responsáveis pela regulação da homeostase do cálcio e do fosfato plasmáticos pela vitamina D e pela proteção contra a osteomalácia.Por outro lado, um grande conjunto de provas clínicas indica que níveis séricos adequados de 25-hidroxivitamina D melhoram a densidade mineral óssea, protegendo contra a osteoporose e reduzindo o risco de fratura. Investigações recentes mostram que os três principais tipos de células ósseas têm a capacidade de metabolizar a 25-hidroxivitamina D em 1,25-di-hidroxivitamina D para ativar o recetor da vitamina D e modular a expressão genética (Omdahl, J L. e H. F. Deluca, 1973).

Vitamina D

O sistema endócrino da vitamina D é importante para facilitar a absorção de cálcio [Adriana et al, 2005] e desempenha um papel essencial na manutenção da saúde óssea e esquelética [Holick, 2007].

O nível sérico de 25-hidroxivitamina D [25(OH) D] é a variável utilizada para medir o estado da vitamina D [Vieth, 1999]. O corpo humano pode obter vitamina D através da exposição à luz solar, da dieta e de suplementos alimentares. A vitamina D proveniente da luz solar e dos alimentos é metabolizada no prazo de 3 dias pelo sistema imunitário.

D no fígado para 25(OH) D, que é utilizado para determinar o estado de vitamina D de um paciente [Vieth et al, 2000
Rucker et al, 2002; Steingrimsdottir et al, 2005]. A vitamina D é convertida de 7-dehidrocolesterol em 25-hidroxivitamina D3 quando é transportada para o fígado por uma proteína de ligação [Adriana et al, 2005]; a 25-hidroxivitamina D é depois convertida em 1, 25(OH) 2D no fígado. [A 25-hidroxivitamina D é depois convertida em 1, 25(OH) 2D no rim, a fase final da ativação da vitamina D [Adriana et al, 2005]. Quando a exposição à luz solar é insuficiente, os níveis séricos de 25-hidroxivitamina D diminuem progressivamente, com uma semi-vida de pelo menos 2 meses [Vieth, 1999]. O número máximo de dias para os níveis séricos do metabolito [25(OH) D] após a exposição solar máxima no verão é de cerca de 30 a 60 dias [Adams et al, 2010].

Vitamina D do sol

A exposição da pele à radiação solar UV-B é uma fonte importante de vitamina D [Holick, 2007].

Por exemplo, uma pessoa exposta ao sol usando apenas um fato de banho receberá vitamina D2

Isto equivale a ingerir cerca de 20.000 UI [Holick, 2007]. Devido à menor distância atmosférica entre a superfície da Terra e o Sol (que se encontra diretamente acima do equador) e à camada de ozono naturalmente mais fina nas áreas próximas do equador (que facilita a absorção da radiação UV), as regiões geográficas em torno do equador, que incluem os países do Médio Oriente, recebem a maior parte da radiação UV [Kanan et al, 2012]. A sazonalidade é também um dos principais factores que contribuem para a deficiência de vitamina D em todas as populações. A taxa de deficiência de vitamina D é mais elevada no inverno e na primavera, apesar de as pessoas nos países do Médio Oriente e noutras regiões tomarem suplementos de vitamina D [Mavroeidi et al, 2010; Manios et al, 2011, Arabi et al, 2010] devido à posição dos raios solares quando atingem a Terra, o que pode afetar "tanto a quantidade como a qualidade da radiação solar que atinge a superfície da Terra" [Webb et al, 1988]. No entanto, alguns estudos em zonas de baixa latitude, por exemplo no paralelo 24, mostram uma baixa prevalência de vitamina D [Agarwal et al, 2011; Gannage-Yared et al, 2005; Kanan et al, 2012]. Além disso, a obesidade (devido ao possível sequestro de vitamina D na gordura corporal) [Holick, 2007] e a pele mais escura na Arábia Saudita são factores comuns que aumentam o tempo necessário de exposição solar para atingir níveis ideais de vitamina D [Kanan et al, 2012]. O aumento da solubilidade da gordura e a diminuição da biodisponibilidade da vitamina D resultam em baixos níveis séricos de vitamina D na obesidade [Fields et al, 2011]. A exposição da pele à luz solar para absorver a vitamina D é um fator importante para aumentar os níveis séricos de vitamina D em circulação. Além disso, existem vários factores que afectam a quantidade de vitamina D sintetizada pela pele através da exposição à luz solar, tais como variações individuais, geográficas e sazonais [Gozdzik et al, 2008; Karohl et al, 2010; Al-Daghri et al, 2012].

O risco de cancro da pele comum é reduzido quando os níveis séricos de vitamina D são de cerca de 75 nmol/L [Holick, 2007]. O risco de cancro da pele é uma das barreiras à exposição solar [El- Hajj Fuleihan, 2009]. No entanto, demasiado sol pode causar queimaduras solares e danificar a pele, o que pode levar ao cancro da pele. Se uma pessoa vai estar ao sol durante muito tempo, é melhor usar proteção solar [Whittaker, 1995].

Vitamina D nos alimentos

Poucos alimentos são considerados boas fontes naturais de vitamina D. Por exemplo, o peixe gordo, os ovos, as miudezas e os cogumelos irradiados com raios UV são algumas das principais fontes de vitamina D.

Além disso, na Arábia Saudita, os alimentos fortificados estão limitados a alguns produtos lácteos e cereais [Madani et al, 2000; Kanan et al, 2012]. Outro estudo mostrou que as regiões do Golfo são pobres em alimentos fortificados com vitamina D [El-Hajj Fuleihan, 2009]. Os países do Médio Oriente são pobres em fortificação alimentar em geral e em vitamina D em particular [Verster, 2012]. Apenas a fortificação da farinha de trigo é obrigatória em termos de legislação na maioria dos países do Médio Oriente.

Alguns países, como o Líbano e a Síria, não enriquecem qualquer tipo de trigo, enquanto o Qatar e os Emirados Árabes Unidos o fazem numa base voluntária [Verster, 2012].

No Canadá, há mais alimentos fortificados com vitamina D do que nos países do Médio Oriente. Exemplos de alimentos fortificados com vitamina D no Canadá incluem sumo de laranja, produtos à base de cereais, bebidas à base de soja, ovos, algumas carnes e alternativas, e algumas gorduras e óleos [Dietitians of Canada, 2014].

Vitamina D de suplementos

Os suplementos alimentares são uma fonte de vitamina D. Existem diferentes tipos de suplementos, como os de venda livre e os de prescrição médica. Em alguns casos, a utilização de suplementos é necessária para satisfazer as necessidades de vitamina D do organismo [Holick, 2007]. Um estudo mostrou que, após um ano de suplementação com vitamina D, se registou um aumento da massa corporal magra, da área de superfície óssea e da massa óssea [El-Hajj Fuleihan, 2009]. Além disso, outro estudo mostrou que a suplementação com vitamina D reduziu o risco global de mortalidade. Os resultados positivos da suplementação com vitamina D foram significativos para os doentes que sofrem de deficiência de vitamina D. No entanto, ainda não foi estabelecido se a suplementação com vitamina D tem um impacto positivo nas doenças crónicas associadas à hipovitaminose D e alguns estudos mostraram os benefícios da suplementação com vitamina D. São necessários mais estudos nesta área para determinar se a suplementação com vitamina D tem um impacto positivo nas doenças crónicas. São necessários mais estudos neste domínio para determinar o papel da suplementação de vitamina D na saúde geral [Vacek et al, 2012 ;

El-Hajj Fuleihan, 2009]. Em casos de deficiência grave de vitamina D, a suplementação com vitamina D pode ajudar a melhorar os níveis séricos de vitamina D, como demonstrado em participantes de um estudo com níveis séricos de vitamina D suficientemente elevados [Kumar et al, 2012]. Noutro estudo, exceder a ingestão máxima de vitamina D pode ter resultado em hipercalcemia, hipercalciúria e hiperfosfatemia [Teleni et al, 2013].

A Dose Diária Recomendada (DDR) de vitamina D é de 600 Unidades Internacionais (UI) (15 mcg) por dia para crianças e adultos com idades compreendidas entre os 9 e os 70 anos, e o Nível Superior de Ingestão Tolerável (UL) para o mesmo grupo etário é de 4.000 UI (100 mcg) [Health Canada, 2012].

Deficiência de vitamina D

Estima-se que cerca de mil milhões de pessoas sofram de deficiência de vitamina D e que se trata de um problema generalizado [Christie et al, 2011]. A deficiência de vitamina D tem sido associada a várias doenças crónicas, como o raquitismo nas crianças e a osteoporose nos adultos, uma vez que desempenha um papel importante no metabolismo ósseo e em muitos processos celulares e imunológicos [Elsammak et al, 2010].

De acordo com o Canadian Health Measures Survey, um nível sérico de vitamina D > 50 nmol/L é considerado suficiente para satisfazer a Dose Diária Recomendada (DDR), enquanto um nível sérico de vitamina D < 50 nmol/L é considerado insuficiente. Cerca de 32% dos canadianos estavam abaixo do limiar de 50 nmol/L e 10% foram considerados deficientes em vitamina D (< 30 nmol/L). O nível sérico médio nacional de [25(OH) D] era de 64 nmol/L [CHMS, 2013].

O melhor marcador das reservas de vitamina D é o nível sérico de 25-hidroxivitamina D [25(OH) D]; a deficiência de vitamina D é, por conseguinte, diagnosticada através da medição do nível sérico de 25-hidroxivitamina D. A deficiência de vitamina D também pode ser identificada através da avaliação clínica do raquitismo em crianças ou da osteomalácia em adultos. No entanto, a deficiência de vitamina D pode estar presente durante algum tempo antes de as manifestações ósseas do estado clínico de deficiência chamarem a atenção do médico [Holick, 2007]. O nível saudável de [25(OH) D] é superior ao intervalo normal recomendado para a população e a definição dos níveis ideais de [25(OH) D] varia de país para país. No entanto, a Health Canada declarou que as pessoas cujo nível sérico de [25(OH) D] é < 30 nmol/L são consideradas em risco de deficiência de vitamina D [Health Canada, 2012].

A perceção geral é que o Médio Oriente é uma região quente e com muito sol.

Embora não existam fronteiras fixas para a região, a maioria das localizações geográficas mencionadas inclui países como o Egipto, Barém, Irão, Iraque, Israel, Jordânia, Kuwait, Líbano, Omã, Palestina, Qatar Arábia Saudita, Síria, Turquia, Emirados Árabes Unidos e Iémen [Koppes, 1976; Beaumont et al, 1988]. Apesar do sol suficiente, do tempo quente e de um clima árido que permitem a produção máxima de vitamina D nos seres humanos (pela pele exposta aos raios UVB durante 5 a 30 minutos, consoante a hora do dia, a estação do ano, a latitude e a sensibilidade da pele) [Holick, 2007], numerosos estudos mostraram que a população desta região é deficiente em vitamina D [El-Hajj Fuleihan, 2009 Badsha et al, 2009; Lips, 2010; Fonseca et al, 1984].

A vitamina D é uma importante amina vital que desempenha uma série de funções fisiológicas importantes no corpo humano em todos os grupos etários, desde a infância até à velhice. A deficiência de vitamina D está ligada a muitos padrões e factores socioculturais, religiosos, alimentares e de estilo de vida, o que torna difícil alterar a sua influência. Estima-se que cerca de mil milhões de pessoas em todo o mundo sofram de deficiência de vitamina D [Christie et al, 2011]. Sabemos que a luz solar é uma fonte importante, mas estima-se que as populações dos países que recebem mais luz solar são as que mais sofrem, com os piores números e taxas de prevalência [Al-Turki et al, 2008; Lotfi et al, 2007; Al-Kindi, 2011; Laleye et al, 2011; Batieha et al, 2011]. De acordo com um estudo europeu, as pessoas que vivem em países ensolarados têm mais deficiências do que outras devido à exposição insuficiente à luz solar [Van der Wielen et al, 1995]. Um estudo realizado na população da Arábia Saudita revelou uma elevada prevalência de deficiência de vitamina D (28nmo/L- 33 nmol/L) tanto no verão como no inverno, sendo esta prevalência ainda mais elevada no inverno [Kanan et al, 2012]. Os investigadores especularam que a deficiência de vitamina D nas mulheres sauditas pode resultar de uma falta de sensibilização do público [Siddiqui et al, 2007]. No entanto, as mulheres pós-menopáusicas apresentavam níveis séricos elevados de vitamina D no estudo de doentes sauditas em ambulatório [Kanan et al, 2012], enquanto outro estudo de mulheres sauditas saudáveis mostrou o contrário [Ardawi et al, 2011]. O estudo de mulheres sauditas em ambulatório apresentava níveis séricos de vitamina D mais elevados, talvez porque muitos médicos tendem a recomendar rotineiramente suplementos de cálcio e vitamina D a mulheres pós-menopáusicas, sem medir o seu estado de vitamina D, para proteção contra a osteoporose [Kanan et al, 2012].

Capítulo 3

Materiais e métodos

Trabalhar no terreno

Os doentes foram identificados durante visitas pessoais a diferentes áreas do distrito de D.G.Khan, Punjab. Os doentes clinicamente diagnosticados como deficientes ou deficientes em vitamina D foram incluídos no estudo. Os sintomas físicos incluíam fadiga, dores musculares gerais, fraqueza, dores nas articulações, dores crónicas, tensão arterial elevada, sono agitado, dores de cabeça, problemas de bexiga, obstipação e diarreia. As informações preliminares sobre os doentes incluem o número de contacto, o endereço postal, etc.

Critérios de inclusão

Estes doentes foram incluídos no estudo. Foi-lhes diagnosticada uma deficiência ou insuficiência de vitamina D sem qualquer outra doença registada.

Critérios de exclusão

Os indivíduos não foram incluídos no estudo se tivessem ;

Anemia, doença genética, diabetes mellitus, doença cardiopulmonar, infeção viral, infeção bacteriana e tumor maligno.

Colher uma amostra de sangue

Foi colhida uma amostra de 5 ml de sangue periférico de cada doente utilizando uma agulha de borboleta e seringas estéreis. As amostras de sangue foram colhidas em tubos normais e os tubos foram deixados em repouso durante 30 minutos para permitir a coagulação do sangue, sendo depois centrifugados a 3000 rpm durante 10 minutos para separar o soro. Cada amostra de soro foi imediatamente transferida para tubos de recolha de soro etiquetados com códigos de identificação dos doentes.

Quantificação da vitamina D no soro

A quantificação da vitamina D foi efectuada utilizando o kit de teste da vitamina D (Dia-Sys Diagnostic System GmbH AlteStrasse 9 65558 Holzheim Alemanha).

Número total de amostras colhidas e analisadas.

S.NO	SEXO	IDADE (ANOS)	VITAMI N D	CALCIU M	FOSFORU S	FOSFATOS ALCALINOS	RESULTAD OS
1	MACHO	20	30.2	8.6	4.3	352	Normal
2	Mulher	24	27.51	8.2	2.4	301	Insuficiente
3	Mulher	27	18.21	6.8	1.8	280	Insuficiente
4	Homens	26	22.9	6.7	2.4	250	Insuficiente
5	Homens	34	10.12	3.2	1.0	66	Insuficiente
6	Mulher	36	13.15	4.8	1.4	180	Insuficiente
7	Homens	49	12.11	3.4	1.2	80	Insuficiente
8	Mulher	32	22.14	6.8	1.9	280	Insuficiente
9	Homens	38	22.12	5.4	2.1	221	Insuficiente
10	Homens	22	24.6	6.8	2.1	210	Insuficiente
11	Mulher	48	8.10	4.2	1.2	150	Insuficiente
12	Homens	42	16.10	4.2	2.1	80	Insuficiente
13	Mulher	22	15.10	6.2	1.7	190	Insuficiente
14	Homens	37	14.12	4.9	1.8	60	Insuficiente
15	Mulher	22	26.41	8.1	2.3	290	Insuficiente
16	Homens	19	31.16	9.2	4.3	355	Normal
17	Homens	30	27.2	7.4	4.0	200	Insuficiente
18	Mulher	50	6.11	3.9	1.2	170	Insuficiente
19	Homens	36	30.2	8.2	4.1	351	Normal
20	Homens	48	14.12	6.1	1.2	120	Insuficiente
21	Mulher	42	7.80	3.4	1.0	140	Insuficiente
22	Homens	40	20.8	5.5	2.0	221	Insuficiente
23	Homens	21	28.46	8.1	2.8	280	Insuficiente
24	Homens	32	25.12	7.3	2.3	273	Insuficiente
25	Mulher	21	21.81	6.5	2.1	272	Insuficiente
26	Homens	44	12.40	5.4	2.2	140	Insuficiente
27	Mulher	31	30.5	8.5	3.5	360	Normal
28	Homens	23	25.9	7.2	3.7	210	Insuficiente
29	Homens	42	17.2	4.7	1.9	90	Insuficiente
30	Mulher	36	32.2	9.2	4.1	360	Normal
31	Homens	44	16.01	5.8	1.1	140	Insuficiente
32	Homens	24	23.7	6.5	2.3	230	Insuficiente
33	Mulher	26	18.21	5.9	1.6	200	Insuficiente
34	Homens	48	14.12	4.6	1.8	90	Insuficiente
35	Mulher	36	12.10	3.7	1.2	140	Insuficiente
36	Homens	27	30.20	9.8	4.1	350	Normal
37	Homens	32	30.4	8.4	4.3	352	Normal

38	Mulher	29	14.61	6.8	1.8	280	Insuficiente
39	Homens	38	20.8	4.5	2.1	220	Insuficiente
40	Mulher	38	10.12	4.0	1.3	150	Insuficiente
41	Homens	29	14.16	3.8	1.2	150	Insuficiente
42	Mulher	48	6.18	3.1	1.2	170	Insuficiente
43	Homens	39	18.20	4.2	1.9	102	Insuficiente
44	Homens	30	26.2	8.2	1.2	250	Insuficiente
45	Mulher	50	11.12	3.5	1.3	175	Insuficiente
46	Homens	36	22.4	5.6	2.1	260	Insuficiente
47	Mulher	30	17.51	7.5	1.9	240	Insuficiente
48	Homens	19	12.44	4.1	1.8	270	Insuficiente
49	Homens	31	32.1	8.8	4.1	360	Normal
50	Mulher	46	13.10	3.7	1.3	150	Insuficiente
51	Homens	18	22.8	7.8	2.1	211	Insuficiente
52	Homens	32	30.2	9.2	4.3	356	Normal
53	Homens	46	17.12	5.2	1.7	110	Insuficiente
54	Mulher	32	22.10	7.2	2.0	240	Insuficiente
55	Homens	21	24.12	6.6	2.3	220	Insuficiente
56	Mulher	39	6.11	3.1	1.0	170	Insuficiente
57	Mulher	26	24.10	7.4	2.0	280	Insuficiente
58	Homens	31	24.10	5.9	2.2	273	Insuficiente
59	Homens	46	13.12	3.4	1.3	120	Insuficiente
60	Homens	46	30.4	8.9	4.2	360	Normal
61	Homens	22	24.2	7.4	2.3	260	Insuficiente
62	Homens	42	17.10	4.2	1.8	70	Insuficiente
63	Homens	48	14.21	5.1	2.1	90	Insuficiente
64	Mulher	40	11.81	3.4	1.3	145	Insuficiente
65	Mulher	27	22.18	7.2	2.0	280	Insuficiente
66	Homens	36	30.8	9.5	4.0	352	Normal
67	Homens	24	16.20	6.2	1.4	180	Insuficiente
68	Mulher	47	20.1	6.7	6.0	220	Insuficiente
69	Homens	37	25.12	7.2	2.3	273	Insuficiente
70	Mulher	42	8.10	3.4	1.2	145	Insuficiente
71	Homens	27	32.10	9.4	4.2	355	Normal
72	Mulher	33	24.6	2.0	7.2	280	Insuficiente
73	Homens	39	22.10	7.3	2.1	260	Insuficiente
74	Homens	40	15.21	6.5	1.1	55	Insuficiente
75	Mulher	48	8.21	4.1	1.3	150	Insuficiente
76	Homens	18	27.5	6.3	2.0	280	Insuficiente
77	Mulher	44	10.11	4.2	1.2	150	Insuficiente

78	Homens	32	25.12	7.1	2.0	260	Insuficiente
79	Mulher	22	26.18	8.2	2.3	285	Insuficiente
80	Homens	48	14.52	6.8	1.5	120	Insuficiente
81	Homens	36	23.14	7.0	2.1	220	Insuficiente
82	Mulher	24	16.14	5.9	1.6	210	Insuficiente
83	Homens	29	27.10	8.1	1.9	250	Insuficiente
84	Mulher	20	30.55	9.9	4.3	361	Normal
85	Homens	44	18.02	6.2	1.3	66	Insuficiente
86	Mulher	18	30.5	9.8	4.2	355	Normal
87	Homens	22	28.2	7.9	1.7	240	Insuficiente
88	Homens	42	20.9	6.9	2.0	270	Insuficiente
89	Homens	49	13.20	3.2	2.1	90	Insuficiente
90	Mulher	18	27.51	6.8	2.0	290	Insuficiente
91	Homens	19	26.5	8.0	2.3	215	Insuficiente
92	Mulher	36	9.10	4.0	1.2	140	Insuficiente
93	Homens	5o	10.12	4.0	1.3	80	Insuficiente
94	Mulher	20	32.4	10.0	4.4	360	Normal
95	Homens	39	25.10	7.1	2.3	273	Insuficiente
96	Homens	27	27.15	6.2	1.3	270	Insuficiente
97	Mulher	31	11.12	3.4	1.1	150	Insuficiente
98	Homens	46	10.54	6.2	1.7	110	Insuficiente
99	Homens	32	12.16	3.2	1.2	70	Insuficiente
100	Homens	50	11.51	5.2	2.0	85	Eficiente

Capítulo 4

Resultados

Esta secção apresenta os resultados da investigação relativos às respostas dos doentes às questões de investigação do estudo. Estas respostas foram analisadas utilizando frequências, bem como aplicando as ferramentas do teste t e ANOVA para descobrir a taxa de resposta às questões de investigação e chegar a uma conclusão abrangente. O quadro apresenta dados sobre as frequências dos inquiridos por sexo. A variável demográfica do género foi agrupada em duas categorias: homens e mulheres. O quadro mostra que um total de 100 pessoas participaram no presente estudo. O quadro mostra igualmente que 63 homens e 37 mulheres responderam ao inquérito [Quadro 4.1].

Quadro 4.1 Frequências para o género

		Frequência	Percentagem	Percentagem válida	Percentagem acumulada
Válido	Homens	63	63.0	63.0	63.0
	Mulher	37	37.0	37.0	100.0
	Total	100	100.0	100.0	

Na Tabela 4.1, 63,0% dos participantes eram do sexo masculino, mostrando uma participação significativa dos homens em relação às mulheres.

Os dados sobre as frequências dos inquiridos por idade são apresentados no [Quadro 4.2]. A variável demográfica da idade foi agrupada em 20-35, 36-45 e 4660. Participaram neste estudo um total de 100 pessoas A tabela mostra também que 38 pessoas tinham idades compreendidas entre os 20 e os 35 anos. Havia 31 mulheres com idades compreendidas entre os 36 e os 45 anos. Havia também 31 inquiridos com idades compreendidas entre os 46 e os 60 anos.

Quadro 4.2 Frequências etárias

		Frequência	Percentagem	Percentagem válida	Percentagem acumulada
Válido	20-35	38	38.0	38.0	38.0
	36-45	31	31.0	31.0	69.0
	46-60	31	31.0	31.0	100.0
	Total	100	100.0	100.0	

No presente estudo, foram estudados três grupos etários com diferentes % de idades acumuladas.

Os dados sobre as frequências da pergunta sobre a vitamina D são apresentados na [Tabela 4.3]. A variável vitamina D foi agrupada em três categorias: normal, deficiente e insuficiente. A tabela mostra que um total de 100 inquiridos participaram neste estudo. A tabela também mostra que 15 inquiridos tinham uma vitamina D normal, enquanto 38 tinham deficiência de vitamina D. Do mesmo modo, o número de inquiridos com deficiência de vitamina D foi de 47.

Quadro 4.3 Frequências de vitamina D

		Frequência	Percentagem	Percentagem válida	Acumulado Percentagem
Válido	Normal	15	15.0	15.0	15.0
	Insuficiente	38	38.0	38.0	53.0
	Insuficiente	47	47.0	47.0	100.0
	Total	100	100.0	100.0	

A Tabela 4.3 mostra as frequências de vitamina D em participantes normais, deficientes e insuficientes.

Os dados relativos às frequências da pergunta sobre o cálcio são apresentados no quadro 4.4. A variável "cálcio" foi agrupada em três categorias: normal, deficiente e insuficiente. A tabela mostra que um total de 100 inquiridos participaram no presente estudo. A tabela também mostra que um total de 15 pacientes tinham níveis normais de cálcio. 38 doentes apresentavam deficiência de cálcio e 47 apresentavam insuficiência de cálcio.

Tabela 4.4 Frequências de cálcio

		Frequência	Percentagem	Percentagem válida	Percentagem acumulada
Válido	Normal	15	15.0	15.0	15.0
	Insuficiente	38	38.0	38.0	53.0
	Insuficiente	47	47.0	47.0	100.0
	Total	100	100.0	100.0	

A Tabela 4.4 mostra as frequências de cálcio entre os participantes normais, deficientes e insuficientes.

Os dados de frequência para o fósforo são apresentados na tabela 4.5. A variável Cálcio foi agrupada em três categorias: normal, deficiente e insuficiente. A tabela acima mostra que um total de 100 doentes participaram no atual estudo. A tabela também mostra que um total de 15 doentes tinha níveis normais de fósforo. Havia 38 doentes com deficiência de fósforo. Todos os 47 doentes tinham fósforo insuficiente.

Quadro 4.5 Frequências de fósforo

		Frequência	Percentagem	Percentagem válida	Acumulado Percentagem
Válido	Normal	15	15.0	15.0	15.0
	Insuficiente	38	38.0	38.0	53.0
	Insuficiente	47	47.0	47.0	100.0
	Total	100	100.0	100.0	

A Tabela 4.5 mostra as frequências de fósforo para participantes normais, deficientes e deficientes.

Os dados relativos à frequência da fosfatase alcalina são apresentados no quadro 4.6. A variável fosfatase alcalina foi agrupada em três categorias: normal, deficiente e insuficiente. A tabela acima mostra que um total de 100 doentes participaram no presente estudo. A tabela mostra também que um total de 15 doentes tinha uma fosfatase alcalina normal. Havia 38 doentes com fosfatase alcalina deficiente. Do mesmo modo, 47 doentes tinham fosfatase alcalina insuficiente.

Quadro 4.6 Frequências da fosfotase alcalina

		Frequência	Percentagem	Percentagem válida	Percentagem acumulada
Válido	Normal	15	15.0	15.0	15.0
	Insuficiente	38	38.0	38.0	53.0
	Insuficiente	47	47.0	47.0	100.0
	Total	100	100.0	100.0	

A Tabela 4.6 mostra as frequências da fosfotase alcalina nos participantes normais, deficientes e deficitários.

As estatísticas descritivas para as questões de investigação são apresentadas na Tabela 4.7. Fornece dados sobre o número total de doentes com as suas respostas mínimas e máximas, bem como a média e os desvios-padrão. No total, 100 pacientes participaram no presente estudo e a tabela acima mostra a taxa de resposta destes pacientes às questões de investigação observadas, bem como a taxa de resposta a cada uma das questões estudadas.

Quadro 4.7 Estatísticas descritivas para as questões de investigação

	N	Mínimo	Máximo	Média	Desvio padrão Desvio
Tipo	100	1	2	1.37	.485
Idade	100	1	3	1.93	.832
Vitamina D	100	1	3	2.32	.723
Cálcio	100	1	3	2.32	.723
Fósforo	100	1	3	2.32	.723
Fosfatase alcalina	100	1	3	2.32	.723
Valida N (na lista)	100				

Os dados relativos às questões de investigação são apresentados na Tabela 4.7. A tabela acima mostra que os doentes têm valores médios diferentes para a idade, a vitamina D, o cálcio, o fósforo e a fosfotase alcalina. A tabela acima fornece dados sobre o número total (100), a média e o desvio padrão. A pergunta de investigação mostra que não há diferença significativa entre os grupos de acordo com o género.

Quadro 4.8 Estatísticas de grupo para diferenças médias entre os sexos (teste T)

	Tipo	N	Média	Std. Diferença	F	Sig.
Vitamina D	Homens	63	2.24	.712		
	Mulher	37	2.46	.730	.270	.605
Cálcio	Homens	63	2.24	.712		
	Mulher	37	2.46	.730	.270	.605
Fósforo	Homens	63	2.24	.712		
	Mulher	37	2.46	.730	.270	.605
Fosfatase alcalina	Homens	63	2.24	.712		
	Mulher	37	2.46	.730	.270	.605

Os dados sobre as diferenças médias entre os grupos demográficos e o género são apresentados na Tabela 4.8. A tabela acima mostra que os doentes tinham opiniões semelhantes sobre todas as perguntas da investigação e que nenhuma das variáveis da investigação mostrou significância em relação ao género. A tabela acima fornece dados relacionados com o número total (100), a média e o desvio padrão. A pergunta de investigação mostra que não existe uma diferença significativa entre os grupos com base no género.

Capítulo. N° 5

Discussão

A vitamina D é produzida pela pele exposta à luz solar direta e é também fornecida por nutrientes. Cada uma destas duas fontes pode fornecer uma ingestão adequada, mas se uma delas for reduzida, a outra pode facilmente tornar-se insuficiente. No entanto, o efeito da luz solar, embora o papel da síntese cutânea como determinante da 25(OH)D sérica, não foi totalmente definido devido à falta de medição direta da exposição solar pessoal.

Os nossos resultados mostram que as mulheres têm mais probabilidades de serem deficientes em vitamina D do que os homens. A deficiência de vitamina D é frequentemente observada em mulheres na pós-menopausa e tem sido associada a uma maior incidência de fracturas da anca (Glipse 2003).

No nosso estudo, a influência do género é relatada na insuficiência e deficiência de vitamina D no soro, sendo as mulheres mais afectadas (67%) do que os homens (37%). Os nossos resultados estão de acordo com Hautan et al, 2009; Norval et al, 2007; Clements et al, 1987. 3 O vestuário cultural (por exemplo, burkhas) pode contribuir para a redução das concentrações de vitamina D, uma vez que a maioria da população asiática estudada é de origem paquistanesa. Uma vez que as mulheres asiáticas cobrem a maior parte do corpo (por exemplo, purdah), este facto reduz a exposição à luz solar ao longo do ano e, consequentemente, a produção de vitamina D3 (Hautan et al., 2009). Os níveis de vitamina D3 serão, portanto, reduzidos, uma vez que se estima que 90% da vitamina é produzida *in vivo* se não for substituída por dieta ou suplemento (Norval et al., 2007).

Por outro lado, a mediana da concentração de vitamina D3 nos homens asiáticos aumentou ligeiramente durante o período de verão (8,3-12,5 pg/l), o que se deve provavelmente ao facto de poderem expor-se mais ao sol, uma vez que a maior parte da sua pele não está coberta. 3Por último, as influências alimentares também podem contribuir para a redução das concentrações de vitamina D no . Por exemplo, uma ingestão elevada de fibras e fitatos ou uma dieta pobre em cálcio (Clements, et al., 1987 Harinarayan et al., 2007).

Neste estudo, o grupo etário dos 46-60 anos foi o mais afetado, mostrando que a insuficiência e a deficiência de vitamina D estão relacionadas com a idade e que as pessoas mais velhas têm mais problemas, o que está de acordo com os resultados de Smith et al. 2010.

Os resultados do estudo HSE 2000 confirmam a elevada prevalência de baixas concentrações de vitamina D na população idosa em geral, em Inglaterra, e uma prevalência ainda mais elevada em pessoas internadas em instituições, onde cerca de um homem e uma mulher em cada três apresentavam deficiência de vitamina D, utilizando o limiar de menos de 25 nmol/litro.

A vitamina D é uma hormona de importância fundamental envolvida na absorção do cálcio, na mineralização óssea e na produção da hormona paratiroide. A insuficiência e a deficiência de vitamina D afectam a absorção de cálcio e fósforo no soro e a sua disponibilidade nos alimentos, na dieta e no consumo. Os níveis baixos de cálcio e de fósforo estão associados à insuficiência e à deficiência, tal como proposto por Holick et al 2003.

Em pessoas com rins e ossos saudáveis, os níveis séricos normais de cálcio e fósforo são mantidos principalmente pela interação de duas hormonas: a hormona paratiroide (PTH) e o calcitriol. Em caso de deficiência de vitamina D, a PTH secundária provoca a libertação do cálcio armazenado nos ossos e a reabsorção do cálcio pelos rins, de modo a manter os níveis séricos normais de cálcio e fósforo. Assim, a deficiência de vitamina D é normalmente acompanhada por níveis sanguíneos normais de cálcio e fósforo, níveis elevados ou normais de PTH, níveis normais ou elevados de fosfatase alcalina total, baixa excreção de cálcio na urina de 24 horas e níveis baixos de 25(OH)D total. Os doentes com deficiência grave e de longa data de vitamina D podem apresentar hipocalcemia e/ou hipofosfatemia evidentes, mas isto é uma exceção. $_2$Os médicos não devem medir os níveis de 1,25(OH) D para diagnosticar a hipovitaminose D. Isto pode levar a uma interpretação incorrecta do estado da vitamina D, uma vez que os níveis de calcitriol são frequentemente normais ou mesmo elevados em doentes com deficiência de vitamina D devido a níveis elevados de PTH.

Níveis baixos de 25(OH)D podem estar associados a HPT secundário e a uma mineralização óssea anormal. Assim, níveis aumentados de PTH, fosfatase alcalina total ou óssea e níveis baixos de cálcio na urina de 24 horas devem levantar a suspeita de deficiência de vitamina D em certos doentes. Por exemplo, deve suspeitar-se de deficiência de vitamina D numa pessoa saudável com um nível elevado de fosfatase alcalina, particularmente se os resultados de outras análises às enzimas hepáticas forem normais.

Neste estudo, o resultado da ANOVA mostra que o papel do fosfato alcalino sérico e da vitamina D na suficiência e na deficiência é altamente significativo.

Em conclusão, verificámos que a deficiência e a insuficiência de vitamina D estão associadas aos níveis de cálcio, fosfato e fosfato alcalino, bem como ao sexo e à idade dos suspeitos. Se os níveis de cálcio e fosfato forem normais e a enzima fosfato alcalino estiver a funcionar normalmente, os níveis de vitamina D são normais, garantindo a saúde geral dos ossos, do esqueleto e do corpo.

FACTOS E CONCLUSÕES

Neste capítulo, fiz recomendações para estudos futuros com base nos resultados do nosso estudo e nas necessidades da população do GHD. Da mesma forma, sugeri alguns programas possíveis para aumentar o nível de vitamina D da população do GDKHAN que vive no Punjab e talvez, até certo ponto, sensibilizar as autoridades de saúde do K.P.K. para o nível de vitamina D das suas populações e, se possível, encorajá-las a tomar medidas positivas para melhorar a saúde das suas populações.

RECOMENDAÇÃO

As seguintes estratégias preventivas podem ajudar a evitar a insuficiência e a deficiência de vitamina D.

1) Os doentes que sofrem de insuficiência ou deficiência de vitamina D devem consumir quantidades adequadas de alimentos e alimentos que contenham quantidades adequadas de vitamina D, como óleo de fígado de bacalhau, peixe-espada, salmão, sumo de laranja, leite e produtos lácteos, margarina, sardinhas, fígado, carne de vaca, ovos e cereais.

2) A principal fonte de vitamina D para crianças e adultos é a exposição à luz solar natural.

CAPÍTULO N.º 6

REFERÊNCIAS

1. Harbour R, Miller J. A new system for grading recommendations in evidence-based guidelines. BMJ. 2001;323(7308):334-336

2. Armas LA, Hollis BW, Heaney RP. Vitamin D2 is much less effective than vitamin D3 in humans. J ClinEndocrinolMetab. 2004;89(11):5387-5391

3. Trang HM, Cole DE, Rubin LA, Pierratos A, Siu S, Vieth R. Evidence that vitamin D3 increases serum 25-hydroxyvitamin D more efficiently than does vitamin D2. Am J ClinNutr. 1998;68(4):854-858

4. Holick MF, Biancuzzo RM, Chen TC, et al. A vitamina D2 é tão eficaz como a vitamina D3 na manutenção das concentrações circulantes de 25-hidroxivitamina D. J ClinEndocrinolMetab. 2008;93(3):677-681

5. Thacher TD, Obadofin MO, O'Brien KO, Abrams SA. The effect of vitamin D2 and vitamin D3 on intestinal calcium absorption in Nigerian children with rickets (O efeito da vitamina D2 e da vitamina D3 na absorção intestinal de cálcio em crianças nigerianas com raquitismo). J ClinEndocrinolMetab 2009;94(9):3314-3321

6. Plum LA, DeLuca HF. Metabolismo funcional e biologia molecular da ação da vitamina D. In: Holick MF, editor. Vitamin D: Physiology, molecular biology and clinical applications [Vitamina D: Fisiologia, biologia molecular e aplicações clínicas]. 2ª ed. Nova Iorque, NY: Humana Press; 2010:6197

7. Holick MF. Deficiência de vitamina D. N Engl J Med. 2007;357(3):266-281]

8. Kennel KA, Drake MT, Hurley DL. Deficiência de vitamina D em adultos:

quando testar e como tratar. Mayo Clin Proc. 2010;85(8):752-757

9. Prentice A, Goldberg GR, Schoenmakers I. Vitamin D across the lifecycle: physiology and biomarkers (Vitamina D ao longo do ciclo de vida: fisiologia e biomarcadores). Am J ClinNutr. 2008;88(2):500S-506S

10. Chapuy MC, Preziosi P, Maamer M, et al. Prevalência da insuficiência de vitamina D numa população adulta normal. Osteoporos Int. 1997;7(5):439-443

11. Abrams SA, Griffin IJ, Hawthorne KM, Gunn SK, Gundberg CM, Carpenter TO. Relationships between vitamin D levels, parathyroid hormone and calcium absorption in young adolescents (Relações entre os níveis de vitamina D, hormona paratiroide e absorção de cálcio em jovens adolescentes). J ClinEndocrinolMetab. 2005;90(10):5576-

12. Tylavsky FA, Ryder KM, Li R, et al. Preliminary findings: 25(OH)D levels and PTH are indicators of rapid bone accrual in pubertal children. J Am CollNutr. 2007;26(5):462-470

13. Peacock M, Selby PL, Francis RM, Brown WB, Hordon L. Vitamin D deficiency, insufficiency, sufficiency and intoxication: What does it mean? In: Norman AW, Schaefer K, Grigoleit H-G, Herrath DV, eds. eds. Vitamin D: Chemical, Biochemical and Clinical Update (Vitamina D: Atualização química, bioquímica e clínica). Berlim, Alemanha: Walter de Gruyter; 1985:569-570

14. Thacher TD, Fischer PR, Isichei CO, Pettifor JM. Early response to vitamin D2 in children with calcium deficiency rickets (Resposta precoce à vitamina D2 em crianças com raquitismo por deficiência de cálcio). J Pediatr. 2006;149(6):840-844

15. Docio S, Riancho JA, Perez A, Olmos JM, Amado JA, Gonzalez-Macias J. Deficiência sazonal de vitamina D em crianças: um alvo potencial para estratégias de prevenção da osteoporose? Jone Miner Res. 1998;13(4):544-548

16. Steingrimsdottir L, Gunnarsson O, Indridason OS, Franzson L, Sigurdsson G. Relationship between serum parathyroid hormone levels, vitamin D sufficiency and calcium intake. JAMA. 2005;294(18):2336-2341

17. Thacher TD, Fischer PR, Obadofin MO, Levine MA, Singh RJ, Pettifor JM. Comparação do metabolismo da vitamina D (2) e D (3) em crianças com raquitismo nutricional. Jone Miner Res. 2010;25(9):1988-1995

18. Heaney RP. Functional indices of vitamin D status and ramifications of vitamin D deficiency. Am J ClinNutr. 2004;80(6 suppl):1706S-1709S

19. Aloia JF, Chen DG, Yeh JK, Chen H. Metabolitos séricos da vitamina D e eficiência da absorção intestinal de cálcio em mulheres. Am J ClinNutr. 2010;92(4):835-8

20. Graff M, Thacher TD, Fischer PR, et al. Calcium absorption in Nigerian children with rickets (Absorção de cálcio em crianças nigerianas com raquitismo). Am J ClinNutr. 2004;80(5):1415-1421

21. Need AG, O'Loughlin PD, Morris HA, Coates PS, Horowitz M, Nordin BE. Metabolitos da vitamina D e absorção de cálcio na deficiência grave de vitamina D. Jone Miner Res. 2008;23(11):1859-1863

22. Hollis BW, Wagner CL, Drezner MK, Binkley NC. Circulating vitamin D3 and 25-hydroxyvitamin D in humans: an important tool for defining adequate vitamin D nutritional status. J Steroid Biochemol Biol. 2007;103(3-5):631-634

23. Heaney RP, Davies KM, Chen TC, Holick MF, Barger-Lux MJ. Human serum 25-hydroxycholecalciferol response to extended oral dosing with cholecalciferol. Am J ClinNutr. 2003;77(1):204-210

24. Aloia JF, Patel M, Dimaano R, et al. Vitamin D intake to attain a desired serum 25-hydroxyvitamin D concentration. Am J ClinNutr. 2008;87(6):1952-1958

25. Ahn J, Yu K, Stolzenberg-Solomon R, et al. Genome-wide association study of circulating vitamin D levels. Hum Mol Genet. 2010;19(13):2739-2745

26. Binkley N, Krueger D, Cowgill CS, et al. A variação do ensaio confunde o diagnóstico de hipovitaminose D: um apelo à normalização. J ClinEndocrinolMetab. 2004;89(7):3152-3157

27. Granado-Lorencio F, Mosteiro JS, Herrero-Barbudo C, Navarro ED, Blanco-Navarro I, Perez-Sacristan B. Variação do ensaio da 25-OH-vitamina D e gestão de sujeitos na prática clínica. ClinBiochem. 2010;43(4-5):531-533

28. RJ. Quantificação da 25-OH-vitamina D (25OHD) por espetrometria de massa líquida em tandem (LC-MS-MS). Methods Mol Biol. 2010;603:509-517

29. Thacher TD, Fischer PR, Strand MA, Pettifor JM. Nutritional rickets in the world: causes and future directions. Ann Trop Paediatr. 2006;26(1):1-16

30. Weisberg P, Scanlon KS, Li R, Cogswell ME. Raquitismo nutricional em crianças nos Estados Unidos: uma revisão dos casos relatados entre 1986 e 2003. Am J ClinNutr. 2004;80(6 suppl):1697S-.

31. Thacher TD, Fischer PR, Pettifor JM, Lawson JO, Manaster BJ, Reading JC. Método de pontuação radiográfica para a avaliação da gravidade do raquitismo nutricional. J Trop Pediatr. 2000;46(3):132-

32. Fischer PR, Rahman A, Cimma JP, et al. Raquitismo nutricional sem deficiência de vitamina D no Bangladesh. J Trop Pediatr. 1999;45(5):291-293

33. Thacher TD, Fischer PR, Pettifor JM, et al. A comparison of calcium, vitamin D, or both for nutritional rickets in Nigerian children. N Engl J Med. 1999;341(8):563-568

34. DeLucia MC, Mitnick ME, Carpenter TO. Raquitismo nutricional com 25-hidroxivitamina D circulante normal: um apelo para reexaminar o papel da ingestão de cálcio dietético em bebés norte-americanos. J ClinEndocrinolMetab. 2003;88(8):3539-3545

35. Bingham CT, Fitzpatrick LA. Testes não invasivos no diagnóstico da osteomalácia. Am J Med. 1993;95(5):519-]

36. Priemel M, von Domarus C, Klatte TO, et al. Defeitos de mineralização óssea e deficiência de vitamina D: análise histomorfométrica de biópsias ósseas da crista ilíaca e 25-hidroxivitamina D circulante em 675 pacientes. J Bone Miner Res. 2010;25(2):305- 312

37. Wagner CL, Greer FR. Prevention of rickets and vitamin D deficiency in infants, children and adolescents (Prevenção do raquitismo e da deficiência de vitamina D em bebés, crianças e adolescentes). Pediatrics. 2008;122(5):1142-1152.

38. Zamora SA, Rizzoli R, Belli DC, Slosman DO, Bonjour JP. A suplementação com vitamina D durante a infância está associada a uma maior massa mineral óssea em raparigas pré-púberes. J ClinEndocrinolMetab. 1999;84(12):4541-4544

39. Cranney A, Horsley T, O'Donnell S, et al. Eficacia e segurança da vitamina D em relação à saúde óssea. Relatório de Evidências/Avaliação Tecnológica n.º 158 Publicado em agosto de 2007. Publicação AHRQ n.º 07-E013 Rockville, MD:

Agência para a Investigação e Qualidade dos Cuidados de Saúde ; http://www.ahrq.gov/downloads/pub/evidence/pdf/vitamind/vitad.pdf Acedido em 8 de novembro de 2010

40. Bischoff-Ferrari HA, Kiel DP, Dawson-Hughes B, et al. Dietary calcium and serum 25-hydroxyvitamin D status in relation to BMD among U.S. adults. J Bone Miner Res. 2009;24(5):935-942]

41. Jackson RD, LaCroix AZ, Gass M, et al. Calcium plus vitamin D supplementation and the risk of fractures. N Engl J Med. 2006;354(7):669-683

42. Bischoff-Ferrari HA, Willett WC, Wong JB, et al. Prevention of nonvertebral fractures with oral vitamin D and dose dependency: a meta-analysis of randomized controlled trials. Arch Intern Med. 2009;169(6):551-561

43. Bischoff-Ferrari HA, Dawson-Hughes B, Staehelin HB, et al. Fall prevention with supplemental and active forms of vitamin D: a meta-] analysis of randomised controlled trials. BMJ. 2009;339:b3692 [

44. Sanders KM, Stuart AL, Williamson EJ, et al. Annual high-dose oral vitamin D and falls and fractures in older women: a randomized controlled trial. JAMA. 2010;303(18):1815-1822

45. Ginde AA, Scragg R, Schwartz RS, Camargo CA, Jr Prospective study of serum 25-hydroxyvitamin D level, cardiovascular disease mortality, and all-cause mortality in older U.S. adults. J Am Geriatr Soc. 2009;57(9):1595-1603

46. Autier P, Gandini S. Vitamin D supplementation and total mortality: a metaanalysis of randomized controlled trials. Arch Intern Med. 2007;167(16):1730-

47. Lawlor DA, Davey Smith G, Kundu D, Bruckdorfer KR, Ebrahim S. Those confused vitamins: what can we learn from the differences between observational versus randomised trial evidence? Lancet. 2004;363(9422):1724-1727

48. Grady D, Rubin SM, Petitti DB, et al. Hormone therapy to prevent disease and prolong life in postmenopausal women (Terapia hormonal para prevenir doenças e prolongar a vida em mulheres na pós-menopausa). Ann Intern Med. 1992;117(12):1016-1037.

49. Grodstein F, Manson JE, Stampfer MJ. Uso de hormonas na pós-menopausa e prevenção secundária de eventos coronários no estudo de saúde das enfermeiras: um estudo prospetivo e observacional. Ann Intern Med. 2001;135(1):1-8

50. Kawas C, Resnick S, Morrison A, et al. A prospective study of estrogen replacement therapy and the risk of developing Alzheimer's disease: the Baltimore Longitudinal Study of Aging. Neurology. 1997;48(6):1517-1521

51. Shumaker SA, Legault C, Rapp SR, et al. Estrogénio mais progestina e a incidência de demência e deficiência cognitiva ligeira em mulheres pós-menopáusicas: Women's Health Initiative Memory Study: a randomized controlled trial. JAMA. 2003;289(20):2651-

52. Rossouw JE, Anderson GL, Prentice RL, et al. Risks and benefits of estrogen plus progestin in healthy postmenopausal women: principal results from the Women's Health Initiative randomized controlled trial. JAMA. 2002;288(3):321-333]

53. Dobnig H, Pilz S, Scharnagl H, et al. Independent association of low serum 25-hydroxyvitamin D and 1,25-dihydroxyvitamin D levels with all-cause and cardiovascular mortality. Arch Intern Med. 2008;168(12):1340-1349

54. Freedman BI, Wagenknecht LE, Hairston KG, et al. Vitamina D, adiposidade e placa aterosclerótica calcificada em afro-americanos. J ClinEndocrinolMetab. 2010;95(3):1076-1083

55. Reis JP, von Muhlen D, Miller ER, III, Michos ED, Appel LJ. Vitamin D status and cardiometabolic risk factors in the United States adolescent population (Estado da vitamina D e factores de risco cardiometabólico na população adolescente dos Estados Unidos). Pediatrics. 2009;124(3):e371-]

56. Martins D, Wolf M, Pan D, et al. Prevalência de factores de risco cardiovascular e níveis séricos de 25-hidroxivitamina D nos Estados Unidos: dados do Third National Health and Nutrition Examination Survey. Arch Intern Med. 2007;167(11):1159-1165

57. Zipitis CS, Akobeng AK. Vitamin D supplementation in early childhood and risk of type 1 diabetes: a systematic review and meta-analysis (Suplementação de vitamina D na primeira infância e risco de diabetes tipo 1: uma revisão sistemática e meta-análise). Arch Dis Child. 2008;93(6):512-

58. Pittas AG, Dawson-Hughes B, Li T, et al. Vitamina D e ingestão de cálcio em relação à diabetes tipo 2 em mulheres. Diabetes Care. 2006;29(3):650-656

59. Pittas AG, Lau J, Hu FB, Dawson-Hughes B. O papel da vitamina D e do cálcio na diabetes tipo 2: uma revisão sistemática e uma meta-análise. J ClinEndocrinolMetab. 2007;92(6):2017-2029

60. Yin L, Grandi N, Raum E, Haug U, Arndt V, Brenner H. Meta-análise: estudos longitudinais sobre a vitamina D sérica e o risco de cancro colorrectal. Aliment PharmacolTher. 2009;30(2):113-125

61. Jenab M, Bueno-de-Mesquita HB, Ferrari P, et al. Association between prediagnostic circulating vitamin D concentration and risk of colorectal cancer in European populations: a nested case-control study. BMJ. 2010;340:b5500

62. Pufulete M. Intake of dairy products and risk of colorectal neoplasia. Nutr Res Rev. 2008;21(1):56-67

63. Wactawski-Wende J, Kotchen JM, Anderson GL, et al. Calcium plus vitamin D supplementation and the risk of colorectal cancer. N Engl J Med. 2006;354(7):684-696

64. Chen P, Hu P, Xie D, Qin Y, Wang F, Wang H. Meta-análise da vitamina D, cálcio e prevenção do cancro da mama. Breast Cancer Res Treat. 2010;121(2):469-477

65. Chlebowski RT, Johnson KC, Kooperberg C, et al. Calcium plus vitamin D supplementation and the risk of breast cancer. J National Cancer Inst.

2008;100(22):1581-

66. Gandini S, Boniol M, Haukka J, et al. Meta-análise de estudos observacionais dos níveis séricos de 25-hidroxivitamina D e cancro colorrectal, da mama e da próstata e adenoma colorrectal [publicado online antes da impressão em 21 de julho de 2010] Int J Cancer. doi : 10.1002/ijc.

67. Stolzenberg-Solomon RZ. Vitamina D e cancro do pâncreas. Ann Epidemiol. 2009;19(2):89-95]

68. Helzlsouer KJ, VDPP Steering Committee Overview of the cohort consortium vitamin D pooling project of rare cancers (Visão geral do projeto de consórcio de coortes de vitamina D para cancros raros). Am J Epidemiol. 2010;172(1):4-9

69. Drake MT, Maurer MJ, Link BK, et al. Insuficiência de vitamina D e prognóstico no linfoma não-Hodgkin. J ClinOncol. 2010;28(27):4191-

70. Krishnan AV, Trump DL, Johnson CS, Feldman D. The role of vitamin D in cancer prevention and treatment (O papel da vitamina D na prevenção e tratamento do cancro). EndocrinolMetabClin North Am. 2010;39(2):401- 418

71. Munger KL, Levin LI, Hollis BW, Howard NS, Ascherio A. Serum 25-hydroxyvitamin D levels and risk of multiple sclerosis (Níveis séricos de 25-hidroxivitamina D e risco de esclerose múltipla). JAMA. 2006;296(23):2832-
72. Ascherio A, Munger KL, Simon KC. Vitamin D and multiple sclerosis. Lancet Neurol. 2010;9(6):599- pode ser uma consequência da deficiência de vitamina D. CurrOpin Allergy ClinImmunol. 2009;9(3):202-207

73. Wjst M, Dold S. Genes, fator X e alergénios: o que causa as doenças alérgicas? Allergy. 1999;54(7):757-759

74. Brehm JM, Celedon JC, Soto-Quiros ME, et al. Serum vitamin D levels and markers of severity of childhood asthma in Costa Rica. Am J RespirCrit Care Med. 2009;179(9):765-771]

75. Camargo CA, Jr, Rifas-Shiman SL, Litonjua AA, et al. Ingestão materna de vitamina D durante a gravidez e risco de sibilância recorrente em crianças com 3 anos de idade. Am J ClinNutr. 2007;85(3):788-795

76. Devereux G, Litonjua AA, Turner SW, et al. Ingestão materna de vitamina D durante a gravidez e sibilância na primeira infância. Am J ClinNutr. 2007;85(3):853-859

77. Gale CR, Robinson SM, Harvey NC, et al. Maternal vitamin D status during pregnancy and child outcomes. Eur J ClinNutr. 2008;62(1):68-

78. Hypponen E, Sovio U, Wjst M, et al. Infant vitamin D supplementation and allergic conditions in adulthood: northern Finland birth cohort 1966. Ann N Y Acad Sci. 2004;1037:84-95

79. Wjst M, Hypponen E. Vitamin D serum levels and allergic rhinitis (Níveis séricos de vitamina D e rinite alérgica). Allergy.
2007;62(9):1085-1086

80. Liu PT, Stenger S, Li H, et al. Toll-like recetor triggering of a vitamin D-mediated human antimicrobial response. Science. 2006;311(5768):1770-

81. Nnoaham KE, Clarke A. Low serum vitamin D levels and tuberculosis: a systematic review and meta-analysis. Int J Epidemiol. 2008;37(1): 113-119

82. Wejse C, Gomes VF, Rabna P, et al. Vitamina D como tratamento suplementar para a tuberculose: um ensaio em dupla ocultação, aleatório e controlado por placebo. Am J RespirCrit Care Med. 2009;179(9):843-850]

83. Ginde AA, Mansbach JM, Camargo CA, Jr Association between serum 25-hydroxyvitamin D levels and upper respiratory tract infections in the third national health and nutrition survey. Arch Intern Med. 2009;169(4):384-390

84. McNally JD, Leis K, Matheson LA, Karuananyake C, Sankaran K, Rosenberg AM. Deficiência de vitamina D em crianças pequenas com infeção respiratória inferior aguda grave. PediatrPulmonol. 2009;44(10):981-988

85. McGrath J, Saari K, Hakko H, et al. Vitamin D supplementation during the first year of life and risk of schizophrenia: a Finnish birth cohort study. Schizophr Res. 2004;67(2-3):237-245

86. Jorde R, Sneve M, Figenschau Y, Svartberg J, Waterloo K. Effects of vitamin D supplementation on symptoms of depression in overweight and obese subjects: randomized double blind trial (Efeitos da suplementação de vitamina D nos sintomas de depressão em indivíduos com excesso de peso e obesos: ensaio aleatório duplo-cego). J Intern Med. 2008;264(6):599-609

87. Plotnikoff GA, Quigley JM. Prevalência de hipovitaminose D grave em pacientes com dor músculo-esquelética inespecífica persistente. Mayo Clin Proc. 2003;78(12):1463-

88. Warner AE, Arnspiger SA. Diffuse musculoskeletal pain is not associated with low vitamin D levels or improved by vitamin D therapy. J ClinRheumatol. 2008;14(1):12-.

89. Arvold DS, Odean MJ, Dornfeld MP, et al. Correlação dos sintomas com a deficiência de vitamina D e resposta dos sintomas ao tratamento com colecalciferol: um ensaio aleatório controlado. EndocrPract. 2009;15(3):203-212

90. Melamed ML, Astor B, Michos ED, Hostetter TH, Powe NR, Muntner P. 25-hydroxyvitamin D levels, race, and the progression of kidney disease. J Am SocNephrol. 2009;20(12):2631-2639

91. Manson JE, Buring JE. Brigham and Women's Hospital. Vitamina D e ómega 3 (VITAL). In: ClinicalTrials.gov [Internet]. Bethesda, MD: National Library of Medicine (US) 2010-[cited 2010 Dec 2] Disponível em http://clinicaltrials.gov/show/NCT01169259 Identificador NLM: NCT01169259

92. Institute of Medicine - Dietary Reference Intakes for calcium and vitamin D (Ingestão Dietética de Referência para cálcio e vitamina D). Washington, DC, 30 de novembro de 2010.http://www.iom.edu/Reports/2010/Dietary- Reference-Intakes-for-Calcium-and-Vitamin-D.aspx Acedido em 30 de novembro de 2010

93. Holick MF (março de 2006). "Elevada prevalência de insuficiência de vitamina D e implicações para a saúde". Mayo Clin. Proc. **81** (3): 353-73.

94. Calvo MS, Whiting SJ, Barton CN; Whiting; Barton (fevereiro de 2005). "Ingestão de vitamina D: uma perspetiva global da situação atual". J. Nutr. **135** (2): 310-6.

95. Norman AW (agosto de 2008). "Da vitamina D à hormona D: fundamentos do sistema endócrino da vitamina D essenciais para uma boa saúde". Am. J. Clin. Nutr. **88** (2): 491S- 499S.

96. Wolf G (junho de 2004). "A descoberta da vitamina D: a contribuição de Adolf Windaus". J **Nutr134** (6): 1299-302.

97. Pittas AG, Chung M, Trikalinos T, Mitri J, Brendel M, Patel K, Lau J, Balk EM; Chung; Trikalinos; Mitri; Brendel; Patel; Lichtenstein; Lau; Balk (março de 2010). "Vitamina D e resultados cardiometabólicos: uma revisão sistemática". Anais de Medicina Interna **152** (5): 307-14.

98. Chung M, Balk EM, Brendel M, Ip S, Lau J, Lee J, Lichtenstein A, Patel K, Raman G, Tatsioni A, Terasawa T, Trikalinos TA; Balk ; Brendel ; Ip ; Lau ; Lee ;

Lichtenstein ; Patel ; Raman ; Tatsioni ; Terasawa ; Trikalinos (agosto de 2009). "Vitamina D e cálcio: uma revisão sistemática dos resultados na saúde". Relatório de provas/avaliação tecnológica (183): 1-420.

MIX
Papier aus verantwortungsvollen Quellen
Paper from responsible sources
FSC® C105338

Printed by Books on Demand GmbH, Norderstedt / Germany